15分鐘！教你做
義式主食料理

Delicious pasta and risotto

60道
義大利麵與燉飯
美味大公開

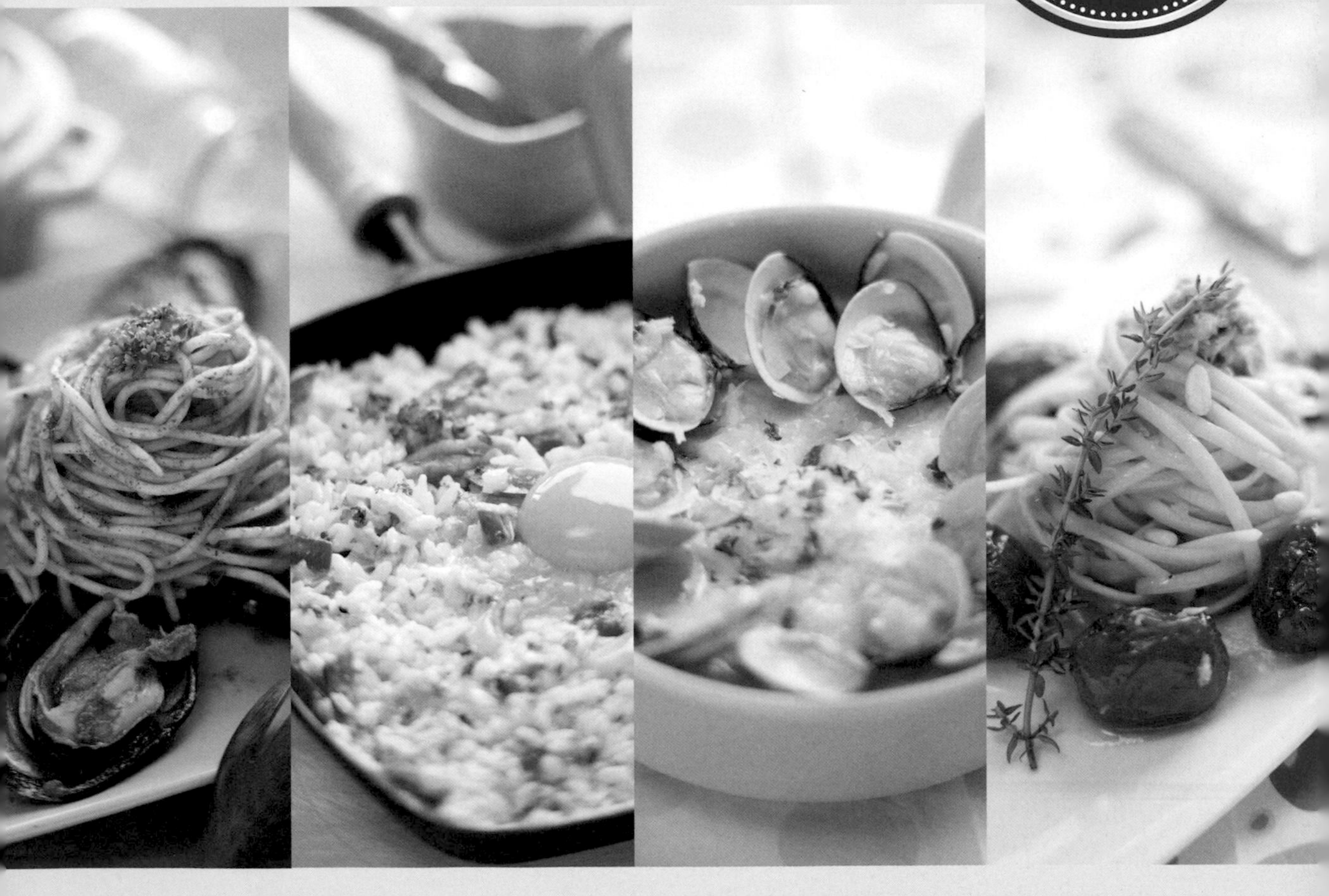

作者｜黃佳祥　攝影｜楊志雄

15分鐘！教你做出主廚級 義式主食料理

Delicious pasta and risotto

60道 義大利麵與燉飯 美味大公開

作　　者　黃佳祥
攝　　影　楊志雄

發 行 人　程安琪
總 策 畫　程顯灝
編輯顧問　錢嘉琪
編輯顧問　潘秉新

總 編 輯　呂增娣
主　　編　李瓊絲、鍾若琦
執行編輯　吳孟蓉
編　　輯　程郁庭、許雅眉
美術主編　潘大智
封面設計　鄭乃豪
內文設計　美樂地、劉旻旻
行銷企劃　謝儀方
出 版 者　橘子文化事業有限公司

總 代 理　三友圖書有限公司
地　　址　106 台北市安和路 2 段 213 號 4 樓
電　　話　(02) 2377-4155
傳　　真　(02) 2377-4355
E－mail　service@sanyau.com.tw
郵政劃撥　05844889 三友圖書有限公司

SANYAU
http://www.ju-zi.com.tw
三友圖書
友直 友諒 友多聞

總 經 銷　大和書報圖書股份有限公司
地　　址　新北市新莊區五工五路 2 號
電　　話　(02) 8990-2588
傳　　真　(02) 2299-7900

初　　版　2014 年 07 月
定　　價　新臺幣 380 元
I S B N　978-986-364-014-1（平裝）

國家圖書館出版品預行編目（CIP）資料

15 分鐘！教你做出主廚級義式主食料理：60 道義大利麵與燉飯美味大公開 / 黃佳祥作. -- 初版. -- 臺北市：橘子文化，2014.07
面；　公分
ISBN 978-986-364-014-1(平裝)

1. 食譜 2. 義大利

427.12　　103012206

贊助廠商感謝名單：
協憶有限公司
電話：05-2201011
地址：嘉義縣民雄鄉福興村牛稠溪 1-17 號

大佳餐具行
電話：05-2339970
地址：嘉義市友忠路 618 號

隨著他的做法，在家體驗
最接近台灣人口味的美味義大利料理

嘉義的義大利料理主廚每天窩在嘉義這個小地方，何德何能可以出義大利麵、燉飯專業食譜書給全台灣的家庭主婦甚至廚師們看呢？

佳祥並不是一個每天只窩在自己餐廳或嘉義沒見過大世面的普通廚師，因為自覺嘉義是小地方，義大利料理的資源甚少，每當知道我公司代理的—— Barilla 義大利麵的義大利、日本主廚要來台灣做宣傳，佳祥都把自己餐廳的工作放下， 第一個跳出來免費當義大利主廚們的廚師助手；這樣的工作他已經持續了 3 年， 跟著這些義大利、日本名廚貼身學習至少 10 場活動以上。除了貼身跟著外國主廚們學習，他和弟弟佳瑋一年至少會去日本 2 次參觀日本義大利料理展與各食品展，甚至每天安排至少吃 2 家義大利餐廳，學習日本人如何讓「吃義大利料理」成為全民運動。

佳祥是可以將義大利麵、燉飯以和風精神呈現得如此淋漓盡致的極少數台灣廚師，2 家義大利餐廳 nani 和風洋食與左岸．風尚，在嘉義這麼民風保守的地方卻天天座無虛席，你就可以想像他的成功之處。很可惜的，你無法常常來到嘉義的 nani 和風義大利麵餐廳品嘗義大利麵，搭配特殊配方的味增湯，感受義大利麵與味增湯一起產生的微妙風味，但你可以購買佳祥的這本書，跟著他的做法，在家裡體驗最接近台灣人口味，卻又非常義大利的 Yammy ！ 義大利料理。

義大利國立橄欖油高級品油師　吳文玲 (Ellen)

融合在地飲食文化與義大利菜精髓的真正料理人

我對義大利菜的深愛是在日本！

３０歲那年的夏天，在涉谷的一個小巷口，一位遊列多國的新疆人，與一位日本人的義大利餐廳裡，一份簡單的蒜片辣椒麵，讓我愛上了義大利麵。

炎熱的夏季，在一群日本朋友的帶領下，到了這家義大利麵店；老闆有著深邃的輪廓，是位新疆人；老闆娘是位來自鄉村的道地日本人。我們十幾位進入餐廳，每位開始點餐，當有日本朋友翻譯成中文時，老闆過來了，用中文跟我說他的菜的特色，也問了我喜歡什麼樣的義大利麵口味。這時，我人在日本聽到用中文溝通時的感動就已經讓我寬心，再來就是端出來的蒜片辣椒麵更是讓我從這最簡單的麵食裡，了解到義大利麵深厚的功力藏在這盤麵裡；感動中，老闆再用日本老婆娘家所種植的蔬菜，做出他認為合適的義大利麵，「真的！我感動，感動到眼淚翻騰」，這是真正結合當地食物所做出的道地義大利美食，是值得我來這裡學習的地方，是文化的融合。

這樣的心情悸動，在台灣的義大利餐廳中我不曾有過，所以自己提筆寫書，自己親手示範《我的義大利麵》這本書，就是擔心料理義大利麵的基本功被遺忘，無法完美的呈現出與在地食物融合的料理。食譜書出了一段時間，因為某個巧合，在嘉義一家店裡，看見佳祥的義大利麵，讓我對義大利麵的心情悸動重新燃起。太多人沒深厚基本實力，卻有著天馬行空的創意，說實在的，我不喜歡。有著深厚基本實力，再去結合在地的飲食文化，這才是義大利菜的精髓，才能稱為真正的料理人。佳祥，就是真正的料理人。一家店要開以前，有誰能像他一樣先吃過上千家的同類型店才開，又有哪位廚師能放下一切，無酬勞的，放下自身工作，不辭辛勞跟在義大利名師，日本義大利名廚身邊，努力學習，用心學習，在我眼裡只有佳祥。

這樣的努力、用心將成為一本著作，把義大利料理的精神全部注入其中。不僅是義大利麵、橄欖油的常識、燉飯的料理，都在這本書裡完整的呈現。我心裡的悸動，我也希望大家能夠在這本書裡找到。不要只有買來看，一定要親自跟著做，這樣你才能了解這本料理書真正的意義。

佳祥，感謝你。

感謝你的不藏私，感謝你的用心，感謝你為料理所做的一切奉獻。

電視料理名廚　柯俊年

創新與美味兼具，一路走來始終如一

古人云：「民以食為天」，這出自於《漢書・酈食其傳》。生活再怎麼忙碌，工作再怎麼辛苦，休息一下，方便簡單無負擔做個美味創新的義大利料理，讓生活更多驚喜吧！

「誰說義大利麵只能搭配紅、白、青 3 種醬料呢？」這句話是我常教育員工要時常保有創新精神的一句話，但是義大利麵是義大利人的傳統料理，當然在義大利也非只有使用這 3 種醬料來搭配料理，義大利人最讓我感到敬佩的地方是食材的選用，使用天然的食材來調理出美味的料理這是義大利堅守的料理法則，所以他們只採用當地盛產的新鮮食材經由傳統的料理手法，創造出全世界大家耳熟能詳的美味餐點。

喜歡創新料理！這可能要從小時候說起，從小因父母工作關係，白天都將我送到外婆家請外婆照顧，現在的記憶裡還記得外婆煮的一手好菜，尤其是那鍋燉煮到變成乳白色的排骨湯，而母親也從外婆那學得好手藝；小時候調皮的我常跟在母親身旁搞怪，記得那時家裡有養雞，有次母親在料理時我突然抓了一把雞飼料放入料理中，想當然一定是先吃了一份竹筍炒肉絲，但當時我心理想著，為什麼雞可以吃的東西人卻不能吃？現在我才知道雞飼料不是不能吃而是不好吃……當然不是要大家料理時加入雞飼料享用，而是要時常保有創新的精神。

「創新的精神」在台灣當然也行，採用當地盛產的食材料理出一道台灣在地口味的義大利麵及燉飯，因此 2005 年我在故鄉嘉義開了第一間餐廳「左岸・風尚義式料理」，因為自己非常喜歡義大利料理，所以開店前跑遍了全台灣，品嘗過不下一千多間的義式餐廳，為的是從中學習，為什麼人家生意會這麼好，客人都讚不絕口，花了 3 年的時間研發出第一份菜單，

經營至今店裡的菜單一共有 13 種醬料搭配 3 款義大利麵條及 12 種在地食材，衍生出一千多種口味的義大利麵，如果一天吃一道，需要 3 年的時間才能完全品嘗。雖然餐廳開在嘉義市跟嘉義縣交界處的偏僻小巷弄裡，九年來也累積了不少熟客，感謝這些人對我創新理念的支持。

2013 年台灣開始了食安風暴，因為看不慣一些商人因為省成本而使用添加物到料理中的做法，一股熱血的在嘉義市又開了另一間餐廳「nani 和風洋食」，依舊嚴選台灣在地的食材作為店內的料理，餐廳每週前往台灣最大的西螺果菜市場，由採購親自挑選出最新鮮的蔬果，用最簡單的料理方式，不添加人工添加物，調理出對身體無負擔的佳肴，藉此來告訴顧客原來料理不添加添加物也可以很美味；也因為台灣人對日本料理的喜愛程度更勝於義大利料理，所以菜單上就結合了日、義 2 國的精華，創新出和風義式料理及義式經典料理提供給顧客不同的選擇。

這次出版的食譜內有大部分都是店內提供給客人享用的餐點，如果有空在家花一些時間，跟著食譜做出一道道簡單美味無負擔的料理，讓自己或家人享用，不僅使生活多些樂趣，也使身體更健康，何樂而不為呢？

黃佳祥

目錄

推薦序 義大利國立橄欖油高級品油師 吳文玲 003
推薦序 電視料理名廚 柯俊年 004
作者序 006

CHAPTER 1

料理之前 · 認識調味品 012

新鮮香料 014
乾燥香料 016
特色調味料 018
調味醋 018
特殊風味罐頭 019
乳製品類 020
食用油類 021

CHAPTER 2

超人氣創意義大利麵料理 022

義大利麵種類介紹 024
義大利麵的烹煮方法與保存方式 026
煮出「義式彈牙」（ALDENTE）義大利麵的
10 大黃金守則 030

一、中式、台式家鄉風味 032

茄汁麻醬嫩煎豬排義大利麵 034
茄汁干燒大蝦義大利麵 036
腐乳肉醬義大利麵 038
辣味宮保嫩雞鳥巢麵 040

番茄京醬肉絲細扁麵 042
蠔油蒜炒土雞寬扁麵 044
蒜香白酒蛤蠣義大利麵 046
五味鮮魷天使冷麵 048
XO 醬海鮮水管麵 050
三杯辣味中卷細麵 052
沙茶蔥燒牛肉義大利麵 054

二、日式、泰式清爽好滋味 056
昆布奶油溫泉蛋鮮蝦水管麵 058
梅醬紫蘇蝦仁蘆筍義大利麵 060
嫩雞和風奶油細扁麵 062
博多豚燒麻花捲麵 064
和風奶油鮮蝦明太子義大利麵 066
札幌醬燒地雞水管麵 068
辣味青木瓜干貝天使冷麵 070
檸香奶油嫩雞麻花捲麵 072
魚露風味番茄豬肉細扁麵 074
打拋醬燒豬肉義大利麵 076
酸辣海鮮蝦義大利麵 078
蝦醬干貝炒鮮蔬寬扁麵 080

三、義大利、聯合國創意美味 082
卡彭那拉蕈菇嫩雞鳥巢麵 084
奶油蘑菇煙燻培根筆管麵 086
茄汁魚卵鮭魚寬扁麵 088

目錄

羅勒海鮮細扁麵 090
甜醋白酒櫻花蝦義大利麵 092
南洋咖哩南瓜嫩雞細扁麵 094
希臘油封番茄鮪魚鷹嘴豆細扁麵 096
法式芥末籽干貝鳥巢麵 098
法氏馬茲瑞拉香腸義大利麵 100
墨西哥酷辣淡菜義大利麵 102
韓式橙香茄汁泡菜豬肉細扁麵 104

CHAPTER 3

美味無國界義大利燉飯料理 106

關於義大利米 108
認識義大利米與台灣米 109
義大利燉飯的傳統煮法 110
義大利燉飯的快速煮法 111
煮出美味「義大利傳統燉飯」的 10 大黃金守則 112

一、和風、南洋家常味 114

奶油海苔酪梨燉飯 116
蛋包總匯起司燉飯 118
照燒野蔬嫩雞燉飯 120
鮭魚紫蘇青醬燉飯 122
泰式檸檬奶油蟹肉燉飯 124
泰式酸辣紅咖哩牛肉燉飯 126
泰式青咖哩海鮮燉飯 128

二、歐式、中東香料風味 130

德式肉桂蘋果嫩雞燉飯 132
法式炙燒鴨胸青醬燉飯 134
法式起司軟殼蟹燉飯 136
法式牛肝蕈菇雞肉燉飯 138
墨西哥辣牛肉燉飯 140
波士頓巧達蛤蠣燉飯 142
印度蔬菜燉飯 144
約旦酸奶薑黃羊肉燉飯 146
番茄肉醬燉飯 148
埃及青豆嫩雞燉飯 150

三、義大利、西班牙道地風味 152

義式黃金起司炸飯糰 154
羅勒鮮蚵燉飯 156
番茄野蔬燉飯 158
奶油煙燻培根燉飯 160
黑呼呼墨魚燉飯 162
義式百菇燉飯 164
培根蒜苗燉飯 166
西班牙番茄臘腸燉飯 168
橙汁甜椒鮭魚燉飯 170

附錄

附錄——本書使用食材與料理製作索引 172

料理之前
認識調味品

想要料理出美味義大利麵與燉飯，義大利麵與義大利米的挑選是一大重點外，選用適當的調味料、辛香料與油品等也不容忽視，現在就隨著主廚的料理筆記，認識義式主食料理的各種不同調味品。

Nestlé
Carnation
EVAPORATED FILLED MILK
三花調製奶水

Olitalia
ACETO BALSAMICO
DI MODENA

Olitalia
CREMA
A BASE DI
ACETO BALSAMICO
DI MODENA IGP
Classic

Olitalia
GRAPESEED
OIL
Vinacciolo

Arla
WHIPPING
CREAM
UHT

李錦記
幼滑蝦醬
FINE SHRIMP
SAUCE

Olitalia
EXTRA VIRGIN
OLIVE OIL

檸檬香茅

檸檬香茅為具有檸檬醛的葉片，在泰國、越南……等東南亞國家中是料理、茶飲不可缺少的重要香料，由於整株充滿誘人的芳香，也常被利用萃取精油。

鼠尾草

乾燥後的氣味濃厚，常被用於烹煮湯類或味道濃烈的肉類食物，加入少許可緩和味道，摻入沙拉中享用，更能發揮養顏美容的功效。鼠尾草花可拿來泡茶，散發清香味道。

洋香菜

又稱巴西里，是西方的芫荽。西式餐點中無論肉類、海鮮、蔬菜或湯品，都可加入洋香菜增添風味，也可以用來擺盤裝飾。

百里香

百里香非常適合任何肉類的調味，通常燉煮湯底、醬汁時一定會加入提味；另外搭配海鮮或餅乾糕點都很適宜，常與香茅、西洋芹一起紮成香草束，用來熬煮高湯。

新鮮香料

以新鮮香料入菜，不僅豐富味蕾也更增添菜肴的顏色。

檸檬葉

檸檬葉有淡淡的柑橘味，使料理增添清爽香味，適用於海鮮料理；其主要用來增添風味，許多泰國料理的湯品、沙拉、熱炒菜及咖哩中充滿強烈的柑橘香氣，就是來自於檸檬葉。

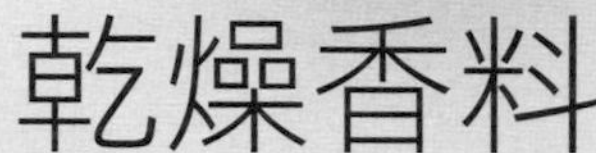

乾燥香料入菜，除了更添風味，也是料理中的調色盤。

孜然粉

主要用於調味、提香等，為燒、烤菜肴中常用的上等佐料，口感風味極為獨特，富有油性，氣味芳香而濃烈。因此常用於料理牛、羊肉，此外也適合煎、炸、炒等烹調方式。

肉桂粉

肉桂香氣濃郁帶有芳香的甜味與些許辛辣味，常用於烘焙麵包、甜點或魚、肉類調理，亦可調合咖啡，撒在熱飲上或調和醃醬與滷汁。

薑黃粉

薑黃是咖哩粉中常見的香料成分，印度料理中常加入薑黃調味，如薑黃飯；體質較寒的人可以多食用。通常烹調中採用的薑黃香料是曬乾後的薑黃磨成粉狀，顏色橘黃而有香味。適用於湯類、咖哩食品、醃漬、蛋類、肉類、米飯等菜肴配色調味或調配法式沙拉醬。

肉荳蔻粉

荳蔻大多用於義大利麵醬、乳酪、糕點餅乾、魚、牛羊肉加工品與燉蔬菜上。荳蔻精油可用於香水、肥皂及洗髮精的製造。

小茴香粉

在中國是用來燉肉，莖葉用於製作餃子餡；在歐洲則常用於烹調魚類；印度人則添加在咖哩內增加風味。

墨西哥塔可粉

墨西哥塔可粉為各式香料調配製成，具有蒜味、辛辣、刺激、芳香與鹹味。適用於醃漬肉類、義大利麵醬、碳烤肋排、蕃茄比薩、墨西哥香料飯、墨西哥袋餅、塔塔醬、點心食品等。

大茴香粉

西方人喜愛把大茴香放在蔬果沙拉、魚湯或海鮮料理中增香提味；中東人或印度人則喜歡把它加在湯或燉菜中增加風味。

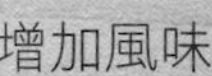

紅椒粉

紅甜椒去皮乾燥後磨成粉，調入適量辣椒粉，其辣度約一般辣椒粉的 0.1 倍，微辣而有著特殊香氣，可用於湯品、燉煮食物、醃漬香腸等調味，或使料理增色。

粗椰粉

椰子粉能使料理更具泰國椰式風味；此外，其能使菜肴較為乾爽，常用於烘焙甜點等。印度人喜愛添加在咖哩內增加口感。

丁香粉

常用於滷菜香料、醃漬食品、調味料、巧克力、布丁、生果餡及糕餅等甜品糕點，也是印度綜合香辛料與咖哩粉之配方成分。丁香粒則多用於西菜中，可加入豬肉燴熟或烤焗，其中以火腿、豬肉、肉羹為主。

特色調味料

具有特色的調味料與義大利麵及燉飯搭配，顛覆一般對於義式主食料理的想像，品嘗起來別有一番味道。

紅咖哩醬

紅咖哩是用泰國盛產的紅辣椒，搭配香茅、南薑、檸檬葉、蝦醬、芫荽等天然香料混合製成，最適合一些海鮮類料理，可依個人嗜辣程度調整使用量。

蝦醬

蝦醬和蝦膏不應直接食用，通常用於炒菜或炒飯，蝦醬的食用方法很多，既可用於各種烹飪和火鍋調味料，又可做出許多獨特的美味小菜。

青咖哩醬

青咖哩是用泰國盛產的青辣椒，搭配香茅、南薑、檸檬葉、蝦醬、芫荽等天然香料混合製成，最適合一些肉類及海鮮類料理，可依個人嗜辣程度加入椰奶來調整辣度。

壺底油精

也稱為蔭油，是黑豆釀製的醬油，和一般黃豆釀製的醬油風味不同，特別適合清燉的菜肴。

魚露

魚露最常用於臺灣、東南亞的料理，歐洲及北歐在近年來也逐漸風行，其用途範圍包括海鮮、沙拉以及其他菜肴的烹煮。由於其本身帶鹹味及天然甘甜味，所以可以取代食鹽、味精，甚至豉油和蠔油的使用。

調味醋

料理中搭配不同風味的醋，微酸的好滋味不僅令人胃口大開，也可使料理更加分。

白酒醋

白酒醋是以義大利上選白葡萄釀造、陳放而成，常用在加入橄欖油調成沙拉油醋醬汁，或為雞肉、魚等白肉類或涼拌菜的調味醬汁，料理時非常適合取代台灣的清醋。

蘋果醋

可直接飲用，料理上使用到水果的時候可加入適量蘋果醋來增加風味。

巴薩米可醋

又稱為義大利陳年葡萄醋，為義式料理經典食材之一。將熬煮濃縮的葡萄汁放置於橡木桶內釀造，發酵過程中充分吸收木桶香氣，產生出醇厚的葡萄醋香。

蘋濃縮醋膏

將巴薩米可醋經由加工而成的濃縮醋膏，常用在甜點、料理裝飾等，味道濃郁可依個人喜好適量添加。

特殊風味罐頭

將特殊風味的罐頭融入義大利主食料理中，品嘗起來創意美味無國界！

鷹嘴豆

屬於高營養豆類植物，富含多種植物蛋白和多種胺基酸、維生素、粗纖維及鈣、鎂、鐵等成分。其可作為主食、甜食、炒熟食用，也可製作罐頭或蜜餞等風味小吃，鮮豆做菜也可生吃。廣泛適用於蒸、煮、炒。

墨西哥青辣椒片

其辣味聞名世界，料理時依個人對辣度的喜好來適量添加，增添風味。

黑橄欖

黑橄欖為全熟橄欖，橄欖依成熟度分為青橄欖、紅橄欖、黑橄欖，富含鈣質和維生素C，營養豐富，增加料理風味。

酸豆

在亞洲和拉丁美洲的烹飪中用作調味料，酸豆未成熟果實的果肉又酸又澀，通常用在開胃菜肴中；歐洲通常用酸豆來搭配海鮮類料理使用。

乳製品類

乳製品是烹煮義大利麵與燉飯中不可或缺的食材之一，少了它就無法使料理呈現濃郁的香氣與濃稠的口感。

帕馬森起司粉

其為質地較硬的起司，製造過程中經煮卻無擠壓；依出產地區命名；乳酪愛好者稱為乳酪之王。

無鹽奶油

由牛奶中提煉出來的油脂，屬於天然奶油，製作過程中無添加鹽分。減少鹽分攝取對血壓好，且無鹽奶油的乳脂含量較高，香味較濃郁。

莫茲瑞拉起司

源自於義大利南部城市的淡起司，常用於焗烤、比薩或甜點等料理。

戈左羅拉起司

“Gorgonzola” 產自義大利北部的倫巴底。起司外形呈鼓狀，外觀表面粗糙、有粉斑，起司肉由白色到淡黃色，並佈滿藍綠斑紋，帶有蘑菇味。因味道較重，料理時請酌量添加。

奶水

牛奶蒸餾後去除些許水分而製成，沒有煉乳濃稠但比牛奶稍濃，其乳糖含量較一般牛奶高，奶香味較濃，常用於烘焙甜點、咖哩及肉類料理。

鮮奶

選用乳脂含量高的鮮奶，奶香味較濃郁，可使料理增加風味。

原味優格

由動物乳汁經乳酸菌發酵而產生。原味優格無添加糖分，便於料理使用，常用於甜點、沙拉醬汁；中東人則常加入菜肴中。

鮮奶油

以未均質化之前的生牛乳頂層的牛奶脂肪含量較高的一層所製得的乳製品。依其乳脂含量不同，在料理上也有不同使用之處，如：甜點、冰淇淋、義大利麵醬汁等。

食用油類

挑選適當的食用油，才可料理出清爽不油膩的美味義大利麵與燉飯。

玄米油

為最理想的油脂比例所組成（1:1:1），不僅富含珍貴的抗氧化物質，天然糙米精華 γ-穀維素(GABA)，適合國人高溫烹調時所使用。

葡萄籽油

含有多元不飽和脂肪酸，且油質清爽；此外更富有天然的抗氧化成分——花青素，非常適合料理時使用。

特級冷壓橄欖油 (Extra Virgin Olive Oil)

為第一道冷壓，100% 特級冷壓橄欖油，橄欖味香濃，發煙溫度為 180℃；橄欖油果實直接壓榨封罐銷售，製造過程中只有清洗、壓榨、過濾及裝罐等物理加工方法；適合用於涼拌、中低溫烹調。

純橄欖油 (100% Pure Olive Oil)

為第二道冷壓，100% 純橄欖油，橄欖味適中，發煙溫度為 200℃；以精製橄欖油加入冷壓橄欖油，調整其風味、顏色及品質，但不經化學改造或混合其它油類。

淡橄欖油 (Extra Light Olive Oil)

為第二道冷壓，100% 精緻橄欖油，橄欖味清雅，發煙溫度為 220℃；精製橄欖油加入冷壓橄欖油，以調整其風味、顏色及品質，但不經化學改造或混合其它油類。

超人氣創意
義大利麵料理

集聚創意與美味的義大利麵料理，從煮麵條、調醬汁、料理食材等，一步步，隨著主廚的獨家步驟，義式主食料理在家也能輕鬆上手。

Pasta Cooking Tips

・料理中，義大利麵與醬汁拌炒時，若覺得醬汁收汁太乾，可加入少許煮麵水調整。

義大利麵種類介紹

不同形狀的義大利麵，搭配不同的醬汁與食材；在料理前，來認識一下不一樣的義大利麵。

蝴蝶麵

最夢幻的義大利麵造型，最早是由手工製法所製造，中間較厚，兩邊較薄的麵身，可以一次體驗 2 種不同口感；最適合製作涼拌麵，即能與最傳統的調味品完美地結合，也適合用於富有想像力的組合。

鳥巢麵

番茄肉醬是鳥巢麵最經典的搭配醬汁；此外也非常適合清淡的組合，如蔬菜、奶油、火腿肉或魚類等。

水管麵

其通透的空心能將清淡的蔬菜醬料包裹其中。此外，由於烹煮時能保持勁道，耐嚼又易沾附醬料，常作為豐富菜肴的理想選擇，比如經典的烤麵條。

天使麵

適合清淡的調味料，且易消化。最簡單的醬汁是以新鮮番茄、橄欖油和羅勒為調配；也建議與番茄、橄欖和蛤蜊搭配，味道鮮美之餘，也最能代表地中海的美味料理。

貓耳朵麵

外型呈現有凹槽的小圓形，有如貓的耳朵一般，所以得名。其非常適合義大利的料理方式，可以跟不同醬汁任意搭配，尤其是魚肉及蔬菜。

吸管麵

早期以擀平的麵皮包覆竹籤，讓麵皮中間形成孔洞，有如義大利直麵呈現中空的形狀，外形如吸管般，方便醬汁夾藏在孔洞中，藉此豐富料理的味道層次。

千層麵

以麵團擀出長方形的麵皮，每張麵皮形狀相同，方便包住醬汁；只要以烤箱焙烤 20 分鐘即可上桌。

筆管麵

適用於任何種類的醬汁調味，如肉類或番茄為主的傳統風味，或蔬菜與奶酪相結合的獨特風味；由於造型修長，可以在製作焗烤麵食時保持外觀。

直麵

為義大利麵最典型的麵款，適合各種烹調方法，是世界上最受歡迎的麵型。

螺旋麵

最適合搭配肉類或起司為主的濃郁醬汁，也可用於清爽的涼拌方式。

麻花捲麵

由兩側向中間捲曲而成凹槽，可以將醬汁一滴不漏的沾附。其表面光滑的麵體，帶有許多細微的毛細孔，適合各種烹飪方式，及所有醬汁的搭配。

細扁麵

細扁麵呈現最原始的造型，扁平而略帶曲線的麵條形狀，增加沾附醬汁的能力，也保留該有的嚼勁。適合各種醬汁，就算搭配清爽醬汁，也可以品嘗出義大利麵的美味。

義大利麵的烹煮方法與保存方式

要料理出美味的義大利麵，最首要的即是軟硬適中的麵條，接下來就跟著主廚，Step by Step，煮出 Q 彈的義大利麵。此外，關於麵條的保存法也將不藏私大公開！

烹煮之前，
關於麵條、水、鹽的比例

100g：1L（水）：7g（鹽）

（100g 麵條 =1 人份 =10 元硬幣）

Pasta Cooking Tips

・煮義大利麵時，一定要用深鍋，或用有深度的中華鍋替代。

直麵

建議烹煮時間為 5 分 30 秒，避免過度軟爛。

步驟

1 鍋中加入水，待煮滾後加入鹽。

2 直麵以散開狀的方式放入鍋中。

3 待麵條變軟，沉入鍋中再以夾子稍微攪拌。

4 撈起麵條，瀝乾後淋上橄欖油稍微拌勻，防止麵條沾黏一起。

細扁麵

建議烹煮時間為 5 分 30 秒，避免失去嚼勁。

步驟

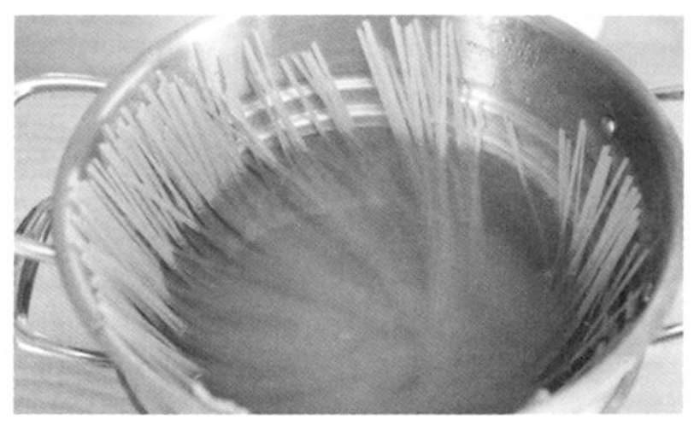

1 鍋中加入水，待沸騰後加入鹽；細扁麵以散開的方式放入鍋中。

2 待麵條變軟，沉入鍋中再稍微攪拌。

3 撈起麵條，瀝乾淋上橄欖油稍微拌勻，防止麵條沾黏，影響口感。

水管麵

建議烹煮時間為 8 分 30 秒，避免過於軟爛造成口感不佳。

步驟

1 鍋中加入水，水滾後加入鹽，放入水管麵。

2 待水管麵變軟後沉入鍋中再稍微攪拌。

3 撈起麵條，瀝乾後淋些許橄欖油稍微拌勻，防止麵條沾黏。

筆管麵

建議烹煮時間為 8 分 30 秒，避免過於軟爛，失去 Q 度。

步驟

1 鍋中加入水，水滾後加入鹽，放入筆管麵。

2 待筆管麵變軟後沉入鍋中再稍微攪拌。

3 撈起麵條，瀝乾淋橄欖油稍拌勻，防止麵條沾黏。

鳥巢麵

建議烹煮時間為 4 分 30 秒，避免過於軟爛。

步驟

1 鍋中加入水，水滾後加入鹽，放入鳥巢麵。

2 待麵變軟後沉入鍋中再稍微攪拌。

3 撈起麵條，瀝乾後淋上橄欖油稍微拌勻，防止麵條沾黏一起。

麻花捲麵

建議烹煮時間為 8 分鐘，避免過於軟爛，影響口感。

步驟

1 鍋中入水，水滾後入鹽，放入麻花捲麵。

2 待麵變軟沉入鍋中再稍微攪拌。

3 撈起麵條，瀝乾淋上橄欖油拌勻，防止麵條沾黏。

天使麵

建議烹煮時間為 1 分 30 秒，避免麵條過於軟爛、斷裂。

步驟

1 鍋中加入水，待沸騰後入鹽；天使麵以散開的方式放入鍋中。

2 待麵條變軟，沉入鍋中再稍微攪拌。

3 撈起麵條，瀝乾淋上些許橄欖油稍微拌勻，防止麵條沾黏。

Pasta Cooking Tips

- **煮出 Q 彈的義大利麵，最重要的是煮熟的麵條要有 01.cm 的麵心，這樣的軟硬度才是恰到好處。**

義大利麵保存法

學會麵條的保存法，讓你在家每天都可以輕鬆烹煮出美味的義大利麵。

步驟

1 煮好的麵條拌好橄欖油，放涼，再分量裝入小塑膠袋中。

2 放入冰箱冷藏，可保存 4 天。

煮出「義式彈牙」(AL DENTE) 義大利麵的 10 大黃金守則

1 義大利麵都一樣

錯！所有的義大利麵都不一樣。其品質取決所使用的原料。從簡單小實驗可以證明，煮麵水在煮沸時若無法保持清澈，或煮好的義大利麵不能維持金黃色澤，建議使用較有品質保證的大品牌的義大利麵，如 Barilla。

2 水量很重要

我們發現多數人水煮義大利麵時，使用的水量不夠，或者使用的鍋子不夠大。原則上，「每 100 公克麵條需要 1 公升的水」，正確的水量為煮出彈牙的義大利麵所必備。

3 鹽

水中加入鹽可以增添義大利麵的風味。放入鹽的最佳時機，為水煮沸後至放入麵條之前。建議每公升的水加入 7 公克的鹽。

4 油水不融

品質較好的義大利麵 (如 Barilla)，水煮時不需要加油。加油會隔絕醬汁沾附在義大利麵的能力，使醬汁與麵條無法融合。品質不好的義大利麵，才需要在水煮時加入油，使其不會被釋出的澱粉黏在一起。

不沖水

如果使用品質較好的義大利麵，不需要沖洗煮熟的麵條。在水煮過程中，只有少量的澱粉會釋放出來，所以麵條不會沾黏一起。而且義大利麵經水沖洗，會將表面的澱粉洗除，影響沾附醬汁的能力。

義大利麵為低 GI 質（低升糖指數）食物

義大利麵條含有碳水化合物，製作過程中麵團不再添加油脂，所以脂肪含量非常少。因此義大利麵是低 GI 食物，為提供健康美味的能量來源。

義大利麵——重要能量的來源

義大利麵是低 GI 的食物，所含碳水化合物的消化率較低。此外，其含有大量「複合碳水化合物」，釋放能量的速度緩慢，碳水化合物會變成葡萄糖貯藏在肌肉中，需要時才會被利用。

義式彈牙 (AL DENTE)

義大利麵一定要煮出「義式彈牙」的口感。“AL DENTE”原意是「牙齒的咀嚼感」或「扎實的咀嚼口感」，通常可以在義大利麵剛起鍋時，或與醬汁烹煮後品嘗到此彈牙的口感。

麵醬合一

義大利人煮義大利麵，不會加入大量的醬汁。因為他們想要品嘗麵條天然的麥香，而不是醬汁。如果義大利麵的品質好，請不要用過多的醬汁掩蓋它的麥香味。建議使用等量的義大利麵及醬汁，將醬汁煮好後再放入將義大利麵。

但是，「羅勒青醬」的料理法較不同，不可以加熱烹煮，而是當作佐料加在義利麵上。

在義大利有超過 300 種以上的義大利麵款，每個地方會有自己的烹煮方式，不同的麵款會搭配不同的醬汁。舉例來説，類似筆管麵的短麵，適合與肉塊或蔬菜醬汁一起拌炒；義大利寬麵條適合奶油白醬，吸管麵與大水管麵適合作焗烤料理。

義大利麵以杜蘭小麥為原料

品質優良的義大利麵是以「杜蘭小麥」所研磨的「粗粒杜蘭小麥粉」製作而成。而 Barilla 義大利麵就是以 100% 高品質的杜蘭小麥製作。

中式、台式家鄉風味

以中式、台式菜肴醬汁搭配適合的義大利麵，充滿家鄉味的醬汁與義大利麵融合，激盪出創意美味的火花。

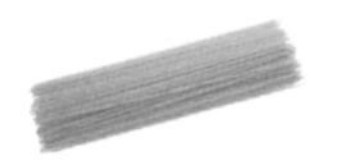

| 中式風味 × 直麵 |

茄汁麻醬嫩煎豬排義大利麵

材　料 

A
- 里肌肉 4 片
- 橄欖油適量
- 米酒 1 大匙
- 鹽少許

B
- 切碎番茄 3 大匙
- 芝麻醬 3 小匙
- 糖 1 小匙
- 煮麵水 1 杯
- 醬油 2 大匙
- 白胡椒粉 1/2 小匙
- 橄欖油 3 大匙
- 蒜碎 1 大匙

C
- 直麵 360 克

D
- 香油適量
- 青蔥碎適量

1 豬里肌以肉搥棒拍薄，倒入材料 A 中的橄欖油、米酒、鹽醃漬，去腥味及嫩化肉片。

2 材料 B 中的橄欖油倒入鍋中，待燒熱後放入作法 1 的里肌肉片煎至微焦，加入蒜碎炒香。

3 材料 B 其餘的調味料拌勻倒入鍋中，加蓋以小火煮滾約 3 分鐘至食材入味。

4 加入熟直麵拌炒，起鍋前淋上香油提香。（煮麵作法詳閱 p.26 頁）

5 盛盤，撒上青蔥碎。

| 中式風味 × 直麵 |

茄汁干燒大蝦義大利麵

材料 

A
- 大白蝦 8 尾
- 橄欖油適量
- 米酒 2 大匙
- 薑蓉 1 小匙
- 蒜蓉 1 小匙
- 蔥末 1 大匙

B
- 番茄醬 6 大匙
- 醋 1 小匙
- 辣椒醬 1 小匙
- 糖 1/2 大匙
- 鹽 1/2 小匙
- 煮麵水 1/2 杯
- 鹽 1 小匙

C
- 直麵 360 克

D
- 香油 1/2 匙
- 青蔥碎適量

1 平底鍋中倒入橄欖油，放入白蝦煎至微焦，嗆入米酒後放薑蓉、蒜蓉、蔥末拌炒，加蓋悶約 1 分鐘。

2 鍋中倒入材料 B 拌勻，加蓋以小火煮滾約 3 分鐘至食材入味。

3 加入熟直麵拌炒，起鍋前淋上香油提香。（煮麵作法詳閱 p.26 頁）

4 盛盤撒上青蔥碎。

| 中式風味 × 直麵 |

腐乳肉醬義大利麵

材 料

A
- 豬絞肉 200 克
- 無鹽奶油 40 克
- 橄欖油少許

B
- 蒜碎 1/2 大匙
- 辣椒末 1 根
- 甜酒豆腐乳 2 大匙
- 米酒 2 大匙
- 細砂糖 1/2 小匙
- 香油 1/4 小匙

C
- 直麵 360 克

D
- 橄欖油 1/2 匙
- 青蔥碎適量
- 起司粉 1 大匙

1 以材料 A 中的橄欖油醃漬豬絞肉，使其嫩化、去腥味。

2 平底鍋中放入材料 A 的無鹽奶油，融化後放入豬絞肉拌炒至微焦，加蓋悶約 1 分鐘。

3 材料 B 拌勻為腐乳醬。

4 腐乳醬倒入作法 2 的鍋中，以小火慢煮約 3 分鐘至食材入味。

5 加入熟直麵拌炒，起鍋前淋上 1/2 匙橄欖油提香。（煮麵作法詳閱 p.26 頁）

6 盛盤，撒上起司粉及青蔥裝飾。

|中式風味 × 鳥巢麵|

辣味宮保嫩雞鳥巢麵

材料

A
- 去骨雞腿肉 2 隻
- 米酒 1/2 小匙
- 鹽少許
- 蛋白 1 個
- 橄欖油少許

B
- 乾辣椒段 2 根
- 蒜碎 1/2 大匙
- 橄欖油 3 大匙
- 蠔油 2 大匙
- 煮麵水 1 杯
- 米酒 1 大匙
- 巴薩米可醋 1 大匙
- 細砂糖 1 小匙
- 黑胡椒粗粒 1/4 小匙
- 太白粉水 1 小匙

C
- 鳥巢麵 360 克

D
- 香油適量
- 青蔥碎適量

1 去骨雞腿肉切塊，以材料 A 的橄欖油、米酒、蛋白、鹽醃漬，使其嫩化、去腥味。

2 鍋中倒入材料 B 的橄欖油，燒熱後放入蒜碎炒香，乾辣椒段拌炒，放入醃漬好的雞腿肉炒至微焦。

3 加入材料 B 其餘的食材拌勻，加蓋以小火煮滾約 3 分鐘至食材入味。

4 放入熟鳥巢麵均勻拌炒，起鍋前淋上香油提香。（煮麵作法詳閱 p.28 頁）

5 盛盤撒上青蔥碎裝飾。

｜中式風味 × 細扁麵｜

番茄京醬肉絲細扁麵

材　料 

A
- 牛肉絲 200 克
- 橄欖油適量
- 米酒 1 大匙
- 鹽少許

B
- 蒜碎 1/2 大匙
- 去皮小番茄 10 顆
- 甜麵醬 2 小匙
- 煮麵水 1/2 杯
- 香油 1/2 小匙
- 芝麻醬 1/2 小匙
- 醬油 1 小匙
- 細砂糖 2 小匙
- 橄欖油 3 大匙

C
- 細扁麵 360 克

D
- 香油適量
- 青蔥碎適量

1 牛肉絲以材料 A 的橄欖油、米酒、鹽醃漬，去腥味且嫩化肉質。

2 鍋中倒入材料 B 的橄欖油，待燒熱後放入蒜碎炒香，加入作法 1 的牛肉絲拌炒。

3 倒入材料 B 其餘的調味料拌勻，加蓋以小火煮滾約 3 分鐘至食材入味即可。

4 入熟細扁麵拌炒均勻，起鍋前淋上香油提香。（煮麵作法詳閱 p.27 頁）

5 盛盤後撒上青蔥碎。

Pasta Cooking Tips

- **使用去皮的小番茄入菜，口感較佳。**

｜中式風味 × 細扁麵｜

蠔油蒜炒土雞細扁麵

材料 

A
- 去骨雞腿 2 隻
- 米酒 1 大匙
- 橄欖油適量

B
- 蒜苗 20 克
- 蒜碎 1 大匙
- 蠔油 3 大匙
- 糖 1/3 大匙
- 香油 1/2 大匙
- 烏醋 2 小匙
- 醬油 1 小匙
- 橄欖油 3 大匙
- 煮麵水 1 杯

C
- 細扁麵 360 克

D
- 香油適量
- 青蔥碎適量

1 雞腿肉以材料 A 中的橄欖油、米酒醃漬，去腥味及嫩化肉質。

2 材料 B 的橄欖油倒入鍋中，待燒熱後入蒜碎炒香，加作法 1 的雞腿肉拌炒。

3 入材料 B 其餘的調味料拌勻，加蓋以小火煮滾約 3 分鐘至食材入味。

4 加入熟細扁麵拌炒，起鍋前淋上適量香油提香。(煮麵作法詳閱 p.27 頁)

5 盛盤撒上青蔥碎。

| 台式風味 × 直麵 |

蒜香白酒蛤蠣義大利麵

材 料 

A
- 蛤蠣 300 克
- 白酒 100cc

B
- 蒜碎 2 大匙
- 乾辣椒剪條適量
- 九層塔葉 10 克
- 鹽 2/3 小匙
- 黑胡椒 1/4 小匙
- 辣椒切片 4 片
- 橄欖油 2 大匙

C
- 直麵 360 克

D
- 橄欖油少許

1 平底鍋倒入橄欖油，油熱後入蒜碎爆香至金黃色，再入乾辣椒拌炒。

2 蛤蠣入鍋中拌炒，嗆入白酒，加蓋悶煮至蛤蠣開口。

3 開蓋後加入九層塔、黑胡椒、鹽拌炒均勻。

4 放入熟直麵拌炒。（煮麵作法詳閱 p.26 頁）

5 盛盤淋上橄欖油提香。

Pasta Cooking Tips

- 拌炒時注意蒜碎及乾辣椒的色澤，避免變黑使料理味道變苦。

|台式風味 × 天使麵|

五味鮮魷天使冷麵

材 料 

A
- 魷魚 200 克
- 衛生冰塊 1 包

B（五味醬）
- 橄欖油 3 大匙
- 醬油膏 2 匙
- 番茄醬 2 大匙
- 細粒特砂糖 3 匙
- 烏醋 4 匙
- 胡麻油 2 匙
- 蔥末 4 大匙
- 薑末 2 匙
- 蒜末 2 匙
- 香菜末 1 匙
- 辣椒末 1 匙

C
- 天使麵 360 克
- 橄欖油少許

D
- 蔥末適量

1 製作五味醬：材料 B 倒入鍋中拌勻。

2 熟天使麵拌入少許橄欖油，放入冰箱冷卻備用。（煮麵作法詳閱 p.29 頁）

3 汆燙魷魚，約 1 分鐘後撈起瀝乾，放入冰塊中降溫，再切成小塊狀。

4 魷魚塊與五味醬拌勻。

5 取出冷卻過的天使麵盛盤，淋上作法 4 的五味魷魚醬，撒上蔥末。

Pasta Cooking Tips

- **煮天使麵時勿超過建議時間 1 分 30 秒，以免影響口感。**

｜台式風味 × 水管麵｜

XO 醬海鮮水管麵

材料

A

- 新鮮小干貝 150 克
- 乾燥干貝 60 克
- 蝦米 60 克
- 白酒 2 杯

B

- 蒜末 2 大匙
- 蠔油 1 匙
- 辣椒段 20 克
- 壺底油精 1 匙
- 橄欖油 3 大匙
- 橄欖油 350cc

C

- 水管麵 360 克

D

- 蔥花適量

1 蝦米及乾燥干貝沖水洗淨，浸泡米酒約 12 小時，去腥味及軟化肉質。

2 作法 1 瀝掉米酒，將干貝剝成絲狀，備用。

3 平底鍋中倒入 3 大匙橄欖油，放入干貝絲及蝦米炒香至金黃，加入蠔油、壺底油精、辣椒段、蒜末拌炒。

4 倒入 350cc 橄欖油以小火烹煮約 5 分鐘，瀝出大量的橄欖油，只需留少許拌炒水管麵。

5 放入新鮮干貝拌炒約 1 分鐘，加入熟水管麵炒勻。（煮麵作法詳閱 p.27 頁）

6 盛盤撒上蔥花。

Pasta Cooking Tips

- **作法 4 所瀝出的「XO 醬橄欖油」可冷藏保存，炒青菜時加入少許，使料理更加美味。**
- **乾燥干貝一定要浸泡至軟化才較易剝絲，剝成絲狀品嘗時口感較佳。**

| 台式風味 × 細扁麵 |

三杯辣味中卷細扁麵

材料

A
- 中卷切圈 200 克
- 老薑切片 6 片
- 蒜頭切片 2 顆
- 辣椒片適量
- 九層塔葉 20 克
- 橄欖油 2 大匙
- 米酒 1 大匙

B（三杯醬）
- 冰糖 1 大匙
- 蠔油 2 大匙
- 醬油 2 大匙
- 麥芽糖 1/2 小匙
- 辣豆瓣醬 1 小匙
- 米酒 300cc

C
- 細扁麵 360 克

D
- 胡麻油 1/2 小匙
- 蔥花 5 克

1 鍋中放入材料 B 拌勻，以中火煮沸濃縮醬汁至 3/4 量，為三杯醬。

2 平底鍋中倒入橄欖油，油熱後入蒜片爆香，再入辣椒片拌炒。

3 放入中卷圈，嗆入米酒，加蓋悶煮約 30 秒。

4 三杯醬倒入鍋中，加入老薑及九層塔葉拌炒。

5 最後入熟細扁麵炒勻。（煮麵作法詳閱 p.27 頁）

6 起鍋前淋上胡麻油增添香味。

7 盛盤後撒上些許蔥花為裝飾。

Pasta Cooking Tips

- **這道三杯口味的義大利麵適合用大火快炒，才能入味。**

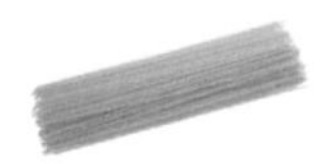

｜台式風味 × 直麵｜

沙茶蔥燒牛肉義大利麵

材料 

2人份

A

- 火鍋用牛肉片 200 克
- 橄欖油 2 大匙
- 蒜碎 1/2 大匙
- 洋蔥丁 50 克
- 紅蘿蔔丁 30 克
- 辣椒片 1/2 匙
- 鹽少許

B

- 沙茶醬 1 大匙
- 醬油 2 大匙
- 米酒 1 小匙
- 細砂糖 1 小匙
- 煮麵水 2 杯

C

- 直麵 360 克

D

- 胡麻油適量
- 蔥花適量

1 牛肉片以少許橄欖油、鹽醃漬約 5 分鐘使肉質軟嫩，去除腥味。

2 平底鍋加入材料 A 中的橄欖油，油熱入蒜碎爆香至金黃色，再入洋蔥丁、紅蘿蔔丁及辣椒片拌炒。

3 材料 B 混合倒入作法 2 鍋中，以小火煮約 5 ～ 6 分鐘再加入牛肉片。

4 放入熟直麵均勻拌炒，淋上胡麻油提香。（煮麵作法詳閱 p.26 頁）

5 盛盤撒上蔥花。

Pasta Cooking Tips

- 如不吃洋蔥可以青蔥代替烹煮，但菜肴中蔬菜的甜味會降低。

日式、泰式清爽好滋味

日式與泰式菜肴總是令人感到清爽、健康、不油膩，以充滿和風及酸辣味的醬汁，不論是南洋或東洋風味，與義大利麵結合，品嘗一口，真是美味無國界。

| 日式清爽好滋味 × 水管麵 |

昆布奶油溫泉蛋鮮蝦水管麵

材料 2人份

A（溫泉蛋）
- 雞蛋 2 個
- 太白粉 2 小匙
- 涼水 2 公升

B
- 大白蝦 8 尾
- 橄欖油 3 大匙
- 蒜碎 1/2 大匙
- 洋蔥碎 1 大匙
- 白酒 3 大匙

C
- 味醂 2 大匙
- 薄口醬油 2 大匙
- 鮮奶油 120cc
- 鹽 1/2 小匙
- 海苔醬 2 小匙
- 煮麵水 1 杯
- 白胡椒粉 1/2 小匙

D
- 水管麵 360 克

E
- 乾燥海苔絲

1 製作溫泉蛋：平底鍋中倒入涼水，以太白粉拌勻後煮滾關火，放入雞蛋，加蓋悶約 5 分鐘後開蓋，撈出的雞蛋為溫泉蛋。

2 平底鍋倒入橄欖油，油熱後入洋蔥碎炒至金黃再入蒜碎炒香。

3 放入大白蝦拌炒，嗆入白酒，加蓋悶至蝦子變紅色。

4 材料 B 混合均勻後倒入鍋中炒勻，以中火燉煮約 3 分鐘至食材入味。

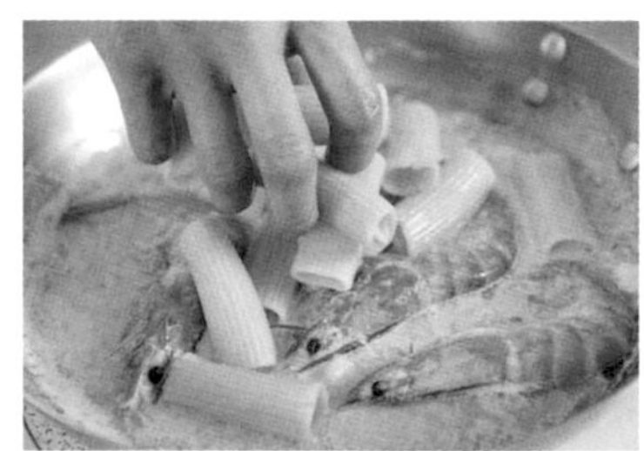

5 加入熟水管麵拌炒。（煮麵作法詳閱 p.27 頁）

6 盛盤，擺上溫泉蛋及海苔絲裝飾。

Pasta Cooking Tips

- **海苔絲於品嘗前再放上，以免遇熱及水分變軟而影響口感。**
- **品嘗時將半熟的溫泉蛋拌入麵中，增加麵條與醬汁的濃郁感。**

| 日式清爽好滋味 × 直麵 |

梅醬紫蘇蝦仁蘆筍義大利麵

材 料 

2人份

A

- 去殼白蝦仁 20 尾
- 蘆筍 100 克
- 白酒 3 大匙
- 橄欖油適量
- 洋蔥碎適量
- 蒜碎適量

B

- 紫蘇梅肉 60 克
- 白菊醋 30 克
- 味醂 2 大匙
- 鹽 1/2 小匙
- 切碎番茄 2 大匙
- 白胡椒 1/4 匙

C

- 直麵 360 克

D

- 新鮮紫蘇葉 5 片

1 平底鍋倒入橄欖油，油熱入洋蔥碎炒至金黃再入蒜碎炒香。

2 加入白蝦仁拌炒後入蘆筍拌炒，嗆入白酒，加蓋悶至白蝦仁變紅色。

3 材料 B 混合均勻後倒入鍋中炒勻，以中火燉煮約 3 分鐘至食材入味。

4 放入熟直麵拌炒。（煮麵作法詳閱 p.26 頁）。

5 盛盤，撒上已切碎的紫蘇葉。

Pasta Cooking Tips

- **紫蘇在台灣可大量取得的分為青紫蘇及紅紫蘇 2 種；青紫蘇葉質細軟，香味清新，很適合生吃、拌沙拉或配生魚片食用，常見於日本料理店；而紅紫蘇香氣較濃郁，葉質稍硬，適合做醃漬材料，可依個人喜好添加。**

| 日式清爽好滋味 × 細扁麵 |

嫩雞和風奶油細扁麵

材料 
2人份

A
- 去骨雞腿肉 2 隻
- 高麗菜 100 克
- 蒜碎 1/2 大匙
- 洋蔥碎 1 大匙
- 橄欖油適量
- 鹽少許

B
- 薄口醬油 2 大匙
- 鮮奶油 120cc
- 味醂 2 大匙
- 煮麵水 1 杯

C
- 細扁麵 360 克

D
- 蔥碎 1 大匙

1 去骨雞腿肉切塊後以橄欖油、鹽醃漬，去腥味及嫩化肉質。

2 平底鍋倒入橄欖油，油熱後入洋蔥碎炒至金黃再入蒜碎拌炒。

3 材料 B 混合均勻後倒入鍋中，中火煮滾入高麗菜烹煮，放入雞腿肉。

4 以小火燉煮約 5 分鐘至食材入味，加入熟細扁麵拌炒均勻。（煮麵作法詳閱 p.27 頁）

5 盛盤撒上蔥碎。

| 日式清爽好滋味 × 麻花捲麵 |

博多豚燒麻花捲麵

材　料 

A
- 豬肉絲 200 克
- 橄欖油 3 大匙
- 高麗菜 100 克
- 蒜碎 1 大匙
- 洋蔥碎 2 大匙
- 鹽少許

B
- 味醂 2 大匙
- 薄口醬油 2 大匙
- 味噌 2 小匙
- 紅椒粉 適量
- 黑胡椒粗粒 1/2 小匙
- 煮麵水 1 杯

C
- 麻花捲麵 360 克

D
- 熟白芝麻 適量

1 豬肉絲以橄欖油、鹽醃漬，去腥味以及嫩化其肉質。

2 平底鍋中倒入橄欖油，油熱後入洋蔥碎炒至金黃，入蒜碎炒香。

3 材料 B 混合均勻後倒入鍋中拌炒，以中火煮滾放入高麗菜烹煮，加入豬肉絲。

4 開小火燉煮約 5 分鐘至食材入味，放入熟麻花捲麵拌炒。（煮麵作法詳閱 p.29 頁）

5 盛盤，撒上熟白芝麻。

Pasta Cooking Tips

- 選擇鹹味較低且米香味重的味噌入菜，可避免料理過鹹，且依個人口味添加。

| 日式清爽好滋味 × 直麵 |

和風奶油鮮蝦明太子義大利麵

材 料 

2人份

A
- 大白蝦 8 尾
- 魚卵 2 大匙
- 橄欖油 3 匙
- 蒜碎 1/2 大匙
- 洋蔥碎 1 大匙
- 白酒 3 大匙

B
- 鮮奶油 120cc
- 鹽 1/2 小匙
- 白胡椒粉 1/2 小匙
- 味醂 2 大匙
- 煮麵水 1 杯

C
- 直麵 360 克

D
- 海苔絲 適量
- 魚卵 適量

1 平底鍋倒入橄欖油，油熱後入洋蔥碎炒至金黃再入蒜碎炒香。

2 放入大白蝦拌炒，嗆入白酒，加蓋悶至蝦子變紅色。

3 材料 B 混合均勻後倒入鍋中炒勻，以中火燉煮約 3 分鐘至食材入味。

4 加入熟直麵拌炒後放入魚卵拌勻。（煮麵作法詳閱 p.26 頁）

5 盛盤撒上魚卵及海苔絲裝飾。

Pasta Cooking Tips

- **明太子為日本傳統醃漬的鱈魚卵，鹹味重較不易料理，可選擇一般市售生魚卵來料理，可達到相同的口感。**

| 日式清爽好滋味 × 水管麵 |

札幌醬燒地雞水管麵

材料 

A
- 去骨雞腿肉 2 隻
- 橄欖油適量
- 蒜碎 1/2 大匙
- 洋蔥碎 1 大匙
- 蒜苗適量
- 高麗菜 100 克
- 鹽少許

B
- 薑泥 1 小匙
- 柴魚片 5 克
- 薄口醬油 2 大匙
- 味醂 2 大匙
- 白胡椒粉 1/2 小匙
- 煮麵水 1 杯

C
- 水管麵 360 克

D
- 蒜苗適量

1 去骨雞腿肉切塊以橄欖油、鹽醃漬，去腥味及嫩化肉質。

2 平底鍋倒入橄欖油，油熱後入洋蔥碎炒至金黃再入蒜碎及蒜苗炒香。

3 材料 B 混合均勻後倒入鍋中拌勻，以中火煮滾加入高麗菜烹煮，放入雞腿肉塊。

4 以小火燉煮約 5 分鐘至食材入味，放入熟水管麵拌炒。（煮麵作法詳閱 p.27 頁）

5 盛盤撒上蒜苗。

Pasta Cooking Tips

- **材料 B 中去除煮麵水即為「日式照燒醬」的比例，其很適合拿來當做烤肉醬使用。**

| 泰式清爽好滋味 × 天使麵 |

辣味青木瓜干貝天使冷麵

材　料  2人份

A
- 蝦米 10 公克
- 干貝 10 顆
- 青木瓜絲 100 克
- 小番茄 6 顆
- 四季豆 20 公克
- 花生 10 公克
- 鹽 1/4 小匙
- 橄欖油 3 大匙
- 蒜碎 20 克
- 辣椒碎 20 克
- 魚露 40cc
- 檸檬汁 20cc
- 細砂糖 1 大匙

B
- 天使麵 360 克
- 橄欖油少許

C
- 檸檬皮碎適量

1 食材 A 全部放入鍋中拌勻，浸泡約 1 小時為辣味青木瓜醬。

2 煮熟的天使麵拌入橄欖油，放入冰箱冷藏冷卻。(煮麵作法詳閱p.29頁)

3 鍋中倒入橄欖油加熱，以中火將干貝兩面煎成焦黃色。

4 取出冷卻後的天使麵擺盤，淋上辣味青木瓜醬，放上干貝。

5 撒上少許檸檬皮碎。

Pasta Cooking Tips

- **天使麵勿煮超過建議時間（1 分 30 秒）避免過於軟爛，影響口感。**

| 泰式清爽好滋味 × 麻花捲麵 |

檸香奶油嫩雞麻花捲麵

材　料 

A
- 去骨雞腿肉 2 隻
- 蒜碎 1/2 大匙
- 洋蔥碎 1 大匙
- 橄欖油適量
- 白酒適量
- 鹽少許

B
- 鮮奶油 120cc
- 煮麵水 1 大杯
- 橄欖油 3 大匙
- 起司粉 50 克
- 鹽 1/2 小匙
- 細砂糖 1/2 小匙
- 黑胡椒粗粒 1/2 小匙
- 檸檬葉 6 片

C
- 麻花捲麵 360 克

D
- 橄欖油 1/2 匙
- 切碎檸檬葉 適量

1 去骨雞腿肉切塊，以橄欖油、鹽醃漬去腥味及嫩化肉質。

2 材料 B 依序倒入食物調理機中攪拌均勻為檸香奶油醬。

3 平底鍋中倒入橄欖油，油熱後入雞肉煎至微焦，嗆入白酒，加蓋悶約 1 分鐘。

4 入蒜碎及洋蔥碎拌炒，倒入檸香奶油醬，以小火慢煮約 3 分鐘至食材入味。

5 加入熟麻花捲麵炒勻，起鍋前淋上橄欖油提香。（煮麵作法詳閱 p.29 頁）

6 盛盤撒上切碎檸檬葉為裝飾。

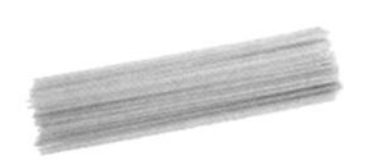

| 泰式清爽好滋味味 × 細扁麵 |

魚露風味番茄豬肉細扁麵

材料 

A
- 豬肉片 150 克
- 橄欖油適量
- 蒜碎適量
- 洋蔥碎適量
- 鹽少許

B
- 魚露 20cc
- 橄欖油 3 大匙
- 切碎番茄 2 大匙
- 去皮番茄 60 克
- 煮麵水 1 杯
- 蒜碎 1/2 大匙
- 九層塔 20 克

C
- 細扁麵 360 克

D
- 切碎檸檬葉適量
- 橄欖油 1/2 匙

1 豬肉片以少量橄欖油、鹽醃漬，去腥味及嫩化肉質。

2 平底鍋中倒入適量橄欖油，油熱後入豬肉片煎至微焦，入蒜碎及洋蔥碎拌炒。

3 材料 B 除魚露外其餘混合均勻倒入鍋中，以小火拌煮約 5 分鐘後倒入魚露。

4 加入熟細扁麵拌炒。（煮麵作法詳閱 p.27 頁）

5 盛盤，撒上碎檸檬葉，淋上橄欖油提香。

| 泰式清爽好滋味 × 直麵 |

打抛醬燒豬肉義大利麵

材 料

A
- 豬絞肉 200 克
- 米酒 2 大匙

B
- 蒜碎 1/2 大匙
- 魚露 20 克
- 細砂糖 1/2 大匙
- 檸檬汁 1 大匙
- 辣椒碎 10 克
- 香菜碎 10 克
- 小番茄切塊 10 顆
- 蠔油 1 小匙
- 白胡椒粉 1/4 小匙
- 九層塔葉 20 克
- 橄欖油 3 大匙

C
- 直麵 360 克

D
- 撕碎九層塔適量
- 橄欖油 1/2 匙

1 豬絞肉使用少量橄欖油醃漬，去腥味及嫩化其肉質。

2 平底鍋中倒入豬絞肉拌炒至微焦，嗆入米酒，加蓋悶約 1 分鐘。

3 材料 B 混合均勻後放入鍋中，以小火慢煮約 3 分鐘至食材入味。

4 加入熟直麵均勻拌炒，起鍋前淋上橄欖油 1/2 匙提香。（煮麵作法詳閱 p.26 頁）

5 盛盤撒上碎九層塔。

| 泰式清爽好滋味 × 直麵 |

酸辣海鮮義大利麵

材　料 

A
- 白酒 1 杯
- 大白蝦 4 尾
- 干貝 8 顆
- 魷魚切圈 50 克

B
- 檸檬皮碎 20 克
- 柳橙皮碎 20 克
- 檸檬汁 45cc
- 柳橙果肉 30 克
- 香茅碎 20 克
- 辣椒碎 10 克
- 黑胡椒粗粒 1/2 小匙
- 橄欖油 3 大匙
- 細砂糖 1 小匙
- 太白粉 1 小匙

C
- 直麵 360 克

D
- 切碎檸檬葉適量
- 橄欖油 1/2 匙

1 材料 B 倒入碗中混合均匀，浸泡約 1 小時為酸辣醬汁。

2 平底鍋中倒入適量橄欖油，放入材料 A 的海鮮料煎至微焦，嗆入白酒，加蓋悶約 1 分鐘。

3 倒入作法 1 的醬汁，同海鮮料一起拌炒；以小火慢煮約 3 分鐘至食材入味。

4 加入熟直麵拌炒均匀，起鍋前淋上橄欖油提香。（煮麵作法詳閱 p.26 頁）

5 盛盤撒上檸檬葉碎。

| 泰式清爽好滋味 × 細扁麵 |

蝦醬干貝炒鮮蔬細扁麵

材　料 

A
- 大干貝 10 顆
- 蘆筍 2 枝
- 青花菜 50 克
- 小番茄切半 8 顆
- 綜合菇 50 克
- 洋蔥碎 1 大匙
- 橄欖油適量
- 白酒適量

B
- 蝦醬 2 小匙
- 細砂糖 1 大匙
- 紅辣椒 1 條
- 檸檬 1 顆
- 煮麵水 1 杯

C
- 細扁麵 360 克

D
- 檸檬皮碎適量

1 檸檬擠汁，辣椒切碎，依序倒入蝦醬中，再入細砂糖混合均勻為調味蝦醬。

2 平底鍋中倒入適量橄欖油，油熱後入干貝煎至微焦，嗆入白酒，加蓋悶約 1 分鐘。

3 放入材料 A 的蔬菜拌炒至熟，材料 B 混合均勻入鍋中拌炒，以小火慢煮約 3 分鐘至食材入味。

4 加入熟細扁麵炒勻，盛盤撒上檸檬皮碎。（煮麵作法詳閱 p.27 頁）

Pasta Cooking Tips

- **不同品牌的蝦醬會有不一樣的味道，選擇自己喜歡的品牌，料理時依個人喜好增加或減少蝦醬的使用量。**

義大利、聯合國創意美味

以義大利家常醬汁，青醬、紅醬、奶油醬汁等與不同形狀的麵做搭配外，配料上也選用新鮮的海鮮，每一口下去都是大大的滿足。而結合多國經典醬汁所搭配出的創意美味，更是令人驚艷。

卡彭那拉蕈菇嫩雞鳥巢麵

材料 

2人份

A
- 去骨雞腿肉 2 隻
- 鴻禧菇 50 克
- 香菇 50 克
- 橄欖油 3 大匙
- 洋蔥碎 1 大匙
- 鹽少許

B
- 煮麵水 1 杯
- 黑胡椒粗粒 1/4 小匙
- 鮮奶油 120cc
- 起司粉 50 克
- 鹽 1/2 小匙
- 細砂糖 1/2 小匙
- 蛋黃 2 個

C
- 鳥巢麵 360 克

D
- 巴西里碎適量

1 去骨雞腿肉切塊，以適量橄欖油、鹽醃漬去腥味及嫩化肉質。

2 材料 B 與醃漬好的雞腿肉混合均勻。

3 平底鍋倒入橄欖油，油熱後入洋蔥碎炒至金黃，入菇類拌炒至熟軟。

4 倒入作法 2 的雞腿肉，以小火燉煮約 5 分鐘至食材入味。

5 加入鳥巢麵拌炒，盛盤撒上巴西里碎。（煮麵作法詳閱 p.28 頁）

Pasta Cooking Tips

- **蛋黃遇熱會變固體而產生黏性，此道料理可因個人喜好的濃稠度來添加適量的煮麵水，調整醬汁的口味。**

| 義大利創意美味 × 筆管麵 |

奶油蘑菇煙燻培根筆管麵

材　料 
2人份

A
- 橄欖油少量
- 煙燻培根 100 克
- 蘑菇 50 克
- 香菇 50 克
- 洋蔥碎 1 大匙

B
- 煮麵水適量
- 鮮奶油 120cc
- 鹽 1/2 小匙
- 細砂糖 1/2 小匙
- 黑胡椒粗粒 1/4 小匙

C
- 筆管麵 360 克

D
- 蛋黃 1 個

1 平底鍋中倒入少量橄欖油，油熱後入培根煎至油脂層變為半透明，入洋蔥碎炒至金黃。

2 入菇類拌炒至熟軟，材料 B 混合均勻後倒入鍋中炒勻。

3 以小火燉煮約 3 分鐘至食材入味，加入熟筆管麵拌炒。（煮麵作法詳閱 p.28 頁）

4 盛盤擺上蛋黃。

| 義大利創意美味 × 細扁麵 |

茄汁魚卵鮭魚細扁麵

材料 

A
- 鮭魚清肉 200 克
- 橄欖油 3 大匙
- 黃椒 30 克
- 紅椒 30 克

B（紅醬）
- 鮮牛番茄 400 克
- 洋蔥碎 2 大匙
- 蒜碎 1/2 大匙
- 香吉士汁 1 顆
- 起司粉適量
- 辣椒適量
- 鹽 1/2 小匙
- 黑胡椒粗粒 1/2 小匙

C
- 細扁麵 360 克

D
- 九層塔葉 15 克
- 魚卵 2 大匙
- 巴西里碎 5 克

1 牛番茄底部輕劃十字，鍋中加入水煮沸後入牛番茄，煮約 1 分鐘。

2 取出牛番茄，由底部劃十字處去皮。

3 果汁機中依序放入牛番茄與材料 B，攪拌均勻即為紅醬。

4 平底鍋中倒入橄欖油，油熱後放入鮭魚清肉，煎至兩面微焦。

5 放入紅椒及黃椒拌炒，倒入紅醬，以小火燉煮 5 分鐘至食材入味。

6 加入細扁麵拌炒至醬汁些微收乾。（煮麵作法詳閱 p.27 頁）

7 盛盤撒上魚卵、九層塔、巴西里碎。

｜ 義大利創意美味 × 細扁麵 ｜

羅勒海鮮細扁麵

材　料 

A
- 白蝦 4 尾
- 小干貝 30 克
- 蟹腳肉 50 克
- 魷魚 50 克
- 白酒 1 杯

B（**青醬**）
- 鹽 1/2 小匙
- 九層塔 50 克
- 橄欖油 80cc
- 起司粉 80 克
- 烤熟杏仁片 15 克
- 蒜碎 1/2 大匙
- 洋蔥碎 1 大匙

C
- 細扁麵 360 克

D
- 巴西里碎適量

1 杏仁片、蒜碎、橄欖油放入食物調理機內攪打均勻。

2 加入九層塔及起司粉，續打數分鐘即為青醬。

3 平底鍋中倒入橄欖油，油熱後放入洋蔥碎炒至金黃。

4 放入材料 A 的海鮮拌炒，嗆入白酒，加蓋悶至白蝦變色。

5 倒入青醬與海鮮料炒勻，放入熟細扁麵拌炒。（煮麵作法詳閱 p.27 頁）

6 盛盤撒上巴西里碎。

甜醋白酒櫻花蝦義大利麵

材 料 

A

- 乾燥櫻花蝦 50 克
- 白酒 3 大匙
- 橄欖油 3 大匙
- 蒜碎 1/2 大匙
- 洋蔥碎 1 大匙

B

- 番茄碎 2 大匙
- 巴薩米可醋 1 大匙
- 鮮奶油 120cc
- 黑胡椒粗粒 1/4 匙
- 細砂糖 1/2 小匙
- 鹽 1/2 小匙
- 煮麵水 1 杯

C

- 直麵 360 克

D

- 濃縮葡萄醋膏適量

1 平底鍋中倒入橄欖油，油熱後入洋蔥碎炒至金黃，再入蒜碎炒香。

2 鍋中加入櫻花蝦拌炒，嗆入白酒，加蓋悶煮約 1 分鐘。

3 材料 B 進鍋中拌炒，開中火燉煮約 3 分鐘至食材入味。

4 放入熟直麵拌至醬汁些微收乾。（煮麵作法詳閱 p.26 頁）

5 盛盤時淋上濃縮葡萄醋膏，增添香味。

Pasta Cooking Tips

- 濃縮葡萄醋膏作法：平底鍋倒入適量陳年葡萄醋，開小火慢煮收乾至 2/3 量，加入適量蔗糖攪拌後放涼。

Joyeux
Noël

南洋咖哩南瓜嫩雞細扁麵

材　料 

2人份

A
- 去骨雞腿 2 隻
- 橄欖油 1 大匙
- 洋蔥碎 1 大匙
- 蒜碎 1/2 匙
- 無鹽奶油 20 克
- 南瓜切片 100 克
- 白酒 3 大匙
- 鹽少許

B
- 鮮奶油 120cc
- 咖哩粉 10 克
- 煮麵水 1 杯
- 黑胡椒粗粒 1/4 匙
- 鹽 5 克
- 細砂糖 5 克

C
- 細扁麵 360 克

D
- 粗椰粉 10 克量

1 去骨雞腿肉切塊狀，以橄欖油、鹽醃漬，去腥味及嫩化肉質。

2 平底鍋中放入無鹽奶油，待融化入雞腿肉，以中火煎至稍微焦黃，嗆入白酒，入洋蔥碎、蒜碎、南瓜片拌炒後加蓋悶約 3 分鐘。

3 材料 B 混合均勻倒入鍋中拌炒，加蓋悶 3 分鐘至食材入味。

4 加入熟細扁麵炒勻。（煮麵作法詳閱 p.27 頁）

5 盛盤撒上粗椰粉。

| 聯合國創意美味 × 細扁麵 |

希臘油封番茄鮪魚鷹嘴豆細扁麵

材料 

2人份

A
- 鮪魚罐頭 200 克
- 鷹嘴豆罐頭 75 克
- 九層塔葉適量

B（油封櫻桃番茄）
- 香吉士皮適量
- 檸檬皮適量
- 鹽 1/2 小匙
- 糖 1/2 小匙
- 黑胡椒粗粒適量
- 小番茄 10 顆
- 新鮮百里香適量
- 橄欖油適量

C（香料橄欖油）
- 新鮮迷迭香適量
- 新鮮鼠尾草適量
- 新鮮百里香適量
- 橄欖油 5 大匙

D
- 細扁麵 360 克

E
- 松子 10 克
- 新鮮百里香葉適量

1 製作油封櫻桃番茄：小番茄去蒂洗淨、瀝乾水分，輕劃一刀入小烘烤盤，再依序入材料 B 的其餘食材，放進已預熱的烤箱，以烤溫 90℃烘烤約 80 分鐘取出。

2 製作香料橄欖油：平底鍋中倒入橄欖油，放入材料 C 的新鮮香料，以油溫 80℃（低溫）浸泡約 30 分鐘，取出香料即成香料橄欖油。

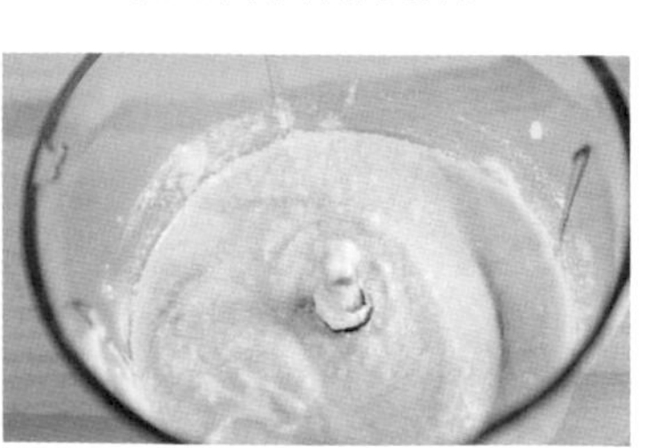

3 香料橄欖油與鷹嘴豆以食物調理機打成泥狀，為鷹嘴豆泥。

4 取另一只平底鍋，放入鮪魚（含油）略炒約 1 分鐘，入油封櫻桃番茄、九層塔葉、熟細扁麵，一同拌炒。（煮麵作法詳閱 p.27 頁）

5 盛盤，鷹嘴豆泥平鋪於盤上，放上義大利麵，撒上松子，以鮪魚、油封番茄、新鮮百里香為裝飾。

Pasta Cooking Tips

- **製作香料橄欖油的香料，可以將百里香以奧勒岡作為替代。**
- **製作香料橄欖油前，需先把新鮮迷迭香、鼠尾草、百里香汆燙（殺菌）晾乾後再混和。**

| 聯合國創意美味 × 烏巢麵 |

法式芥末籽干貝烏巢麵

材　料 

A
- 大干貝 10 顆
- 洋蔥碎 1 大匙
- 蒜碎 1/2 大匙
- 橄欖油 3 大匙
- 白酒適量

B
- 法式芥末籽醬 1 大匙
- 鮮奶油 120cc
- 鹽 1/2 小匙
- 細砂糖 1 小匙
- 煮麵水 1 杯
- 黑胡椒粗粒 1/2 小匙

C
- 烏巢麵 360 克

D
- 法式芥末籽醬 30 克
- 美奶茲 30 克
- 蜂蜜 20 克
- 巴西里適量

1 平底煎盤中倒入橄欖油，油熱入干貝煎至兩面微焦。

4 加入熟烏巢麵拌匀。（煮麵作法詳閱 p.28 頁）

2 平底鍋中放入煎好的干貝、洋蔥碎、蒜碎炒香，嗆入白酒，加蓋悶約 1 分鐘。

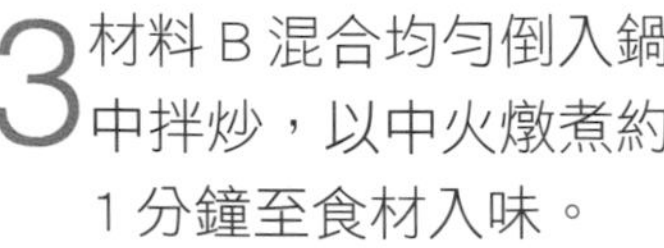

3 材料 B 混合均勻倒入鍋中拌炒，以中火燉煮約 1 分鐘至食材入味。

5 材料 D 拌勻為法式芥末籽醬。

6 盛盤，干貝淋上法式芥末籽醬，撒上巴西里。

法式馬茲瑞拉香腸義大利麵

材 料 

A
- 香腸切片 100 克
- 橄欖油 3 大匙
- 巴西里碎 5 克
- 馬茲瑞拉起司 100 克
- 黑橄欖切片 20 克
- 蒜碎適量
- 洋蔥碎適量

B（紅醬）
- 牛番茄 400 克
- 洋蔥碎 2 大匙
- 蒜碎 1/2 大匙
- 香吉士榨汁 1 顆
- 起司粉適量
- 辣椒適量
- 鹽 1/2 小匙
- 黑胡椒粗粒 1/2 小匙

C
- 直麵 360 克

D
- 九層塔葉適量

1 牛番茄底部輕劃十字，鍋中加入水煮沸後入牛番茄，煮約 1 分鐘。

2 取出煮熟的牛番茄，由底部劃十字處去皮。

3 果汁機中依序放入牛番茄與材料 B，攪拌均勻即為紅醬。

4 平底鍋中倒入橄欖油，油熱入香腸片、蒜碎、洋蔥碎拌炒。

5 倒入紅醬，以小火燉煮 5 分鐘至食材入味。

6 再放入黑橄欖片、巴西里碎、馬茲瑞拉起司塊、熟直麵炒勻至醬汁些微收乾。（煮麵作法詳閱 p.26 頁）

7 盛盤，撒上撕碎的九層塔葉。

| 聯合國創意美味 × 直麵 |

墨西哥酷辣淡菜義大利麵

材 料 

A
- 淡菜 12 個
- 白酒 3 大匙
- 洋蔥碎 1 大匙
- 蒜碎 1/2 匙
- 橄欖油 3 大匙

B
- 黑橄欖 30 克
- 墨西哥青辣椒 30 克
- 墨西哥塔可粉 15 克
- 切碎番茄 70 克
- 番茄糊 20 克
- 番茄醬 10 克
- 煮麵水 1 杯
- 洋蔥塊 50 克
- 去皮番茄 35 克
- 黑胡椒粗粒 1 小匙
- 鹽 2 克
- 糖 5 克

C
- 直麵 360 克

D
- 墨西哥塔可粉適量

1 材料 B 依序倒入果汁機中拌均勻為墨西哥醬。

2 平底鍋中倒入橄欖油，油熱後入洋蔥碎炒至金黃，再入蒜碎炒香。

3 入淡菜拌炒，嗆入白酒，加蓋悶煮 3 分鐘，倒入墨西哥醬，小火燉煮 5 分鐘至食材入味。

4 加入熟直麵拌炒。（煮麵作法詳閱 p.26 頁）

5 盛盤撒上墨西哥塔可粉。

Pasta Cooking Tips

- **作法 1 中以果汁機拌攪食材，勿攪拌過碎成泥而影響口感。**

| 聯合國創意美味 × 細扁麵 |

韓式橙香茄汁泡菜豬肉細扁麵

材 料 

A
- 豬肉片 100 克
- 橄欖油 3 大匙
- 洋蔥碎 1 大匙
- 蒜碎 1/2 大匙

B
- 番茄碎粒 70 克
- 去皮番茄 40 克
- 洋蔥泥 50 克
- 番茄糊 20 克
- 鹽 3 克
- 細砂糖 4 克
- 韓國辣椒粉 4 克
- 香吉士榨汁 1 顆
- 煮麵水 1 杯
- 韓式泡菜 80 克

C
- 細扁麵 360 克

D
- 青蔥碎適量
- 韓式泡菜適量

1 豬肉片以橄欖油醃漬，去腥味及嫩化肉質。

2 材料 B 依序倒入果汁機中攪拌均勻為韓式泡菜醬汁。

3 平底鍋中倒入橄欖油，油熱後入洋蔥碎炒至金黃，再入蒜碎炒香。

4 放入醃漬好的豬肉片拌炒，倒入韓式泡菜醬汁，以小火燉煮約 5 分鐘至食材入味。

5 加入熟細扁麵炒勻。（煮麵作法詳閱 p.27 頁）

6 盛盤放上韓式泡菜及青蔥碎裝飾。

Pasta Cooking Tips

・作法 2 中，韓式泡菜切勿攪拌過久，避免成泥狀影響口感。

美味無國界
義大利燉飯料理

創意無國界的義大利燉飯料理，從義大利米的煮法、醬汁烹調、食材料理等，隨著主廚的私房撇步，讓美味的義式燉飯輕鬆上桌。

關於義大利米

在料理義大利燉飯之前，讓我們先從認識義大利米開始！

義大利米的由來

稻米約於 14 世紀由東方國家傳至義大利，因為航海的關係，研判是由義大利的熱那亞港、威尼斯港進入義大利境內，進而開始大量種植生產。
義大利稻米主要種植於北部的波河流域山谷；一年一種制，以波河流域河水及阿爾卑斯山雪水灌溉。
而義大利米品牌中—— Scotti，創立於 1860 年，為義大利最古老的碾米廠之一。

義大利米的種類

義大利米主要可以分為 2 類，“Arborio”與“Carnaroli”，不僅從外觀上就有所差別，且適合製作的料理也有所不同，如下表所示：

	Arborio	Carnaroli
產地	Piemonte	Lombardia
顏色	白色	米色
特性	1. 圓形 2. 結構扎實，烹煮後容易維持完整米粒與口感	1. 長型 2. 表面滑順，澱粉含量較高，醬汁吸收能力強
適合的料理	燉飯、沙拉、 甜點	燉飯

認識義大利米與台灣米

不同國家所生產的稻米其外型、口感等都有所差異，現在就來認識義大利米與台灣米！

義大利米：結構扎實，烹煮後容易維持完整米粒；適合料理燉飯、沙拉、甜點等。

台梗九號米：外型較渾圓飽滿，米粒透明、黏性佳，品嘗起來口感較Q，即使放冷後吃，也一樣美味Q彈。

長秈米：結米粒外型較纖長，黏度低、米質較鬆散，品嘗的口感近似泰國米，較粒粒分明。

義大利米與台灣米的不同

義大利米與台灣米除了外型上有明顯的差異外，其烹煮時的特色及適合的料理也有所區別，如下表所介紹：

	義大利米	台灣米
品種	Arborio、Carnarol	蓬萊米、在來米、糯米
外型	大，較飽滿	小，較透明
適合的料理	義大利燉飯、義式米布丁、義式甜點	白米飯、中式米食、中式糕點
特色	烹煮時，會自然釋放澱粉，增加菜肴的濃稠度。	熟米飯吃起來較黏稠，適合製作中式糕點。

義大利燉飯的傳統煮法

傳統式的義大利燉飯，是將義大利米由生米煮成熟飯的方式，持續加入高湯拌煮至米飯 9 分熟，雖耗時費工，卻可嘗到最原始的風味與口感。

傳統煮法 · 生米煮成熟飯

步驟

鍋中放入奶油，融化後放入米。

拌炒至米粒完全沾附奶油。

倒入紅醬拌炒。

持續加入滾沸的高湯（海鮮或雞高湯）拌勻，至米 9 分熟。

完成後關火，以鍋底餘溫，放入粗粒黑胡椒鹽調味。

加入刨好的帕馬森起司絲。

放入奶油，增添香味及增加凝固的程度。

義大利燉飯的快速煮法

以電鍋將米煮熟後，再入鍋中繼續以高湯拌煮，簡易的電鍋煮法，較省時，所煮出來的燉飯雖較不正統，但較為台灣人所接受。

快速煮法 · 簡易電鍋煮飯

煮飯之前……米粒與高湯的比例

2 杯米：1.5 杯高湯（海鮮或雞高湯）

步驟

電鍋中依比例放入義大利米。

倒入高湯即可煮飯。

平底鍋中倒入紅醬，加入煮好的義大利米飯拌炒。

完成後關火，利用鍋底餘溫加入調味料調味。

煮出美味「義大利傳統燉飯」的 10 大黃金守則

燉飯與奶油

義大利傳統燉飯是來自義大利北部的傳統料理，所以烹調燉飯最常使用盛產於義大利北部的奶油；北義大利人烹煮燉飯只使用奶油，而南義大利人會使用奶油混合些許的橄欖油。

烹煮燉飯的必備鍋具——厚底不鏽鋼深底鍋

烹煮燉飯時建議使用厚底的不鏽鋼深底鍋，此鍋具不僅聚熱效果良好，鍋底熱源分佈也較平均，可以避免烹飪過程中，燉飯底部燒焦的問題。選用正確的鍋具，在料理頓飯的過程中不需要一直攪拌，只需要在烹飪後段每分鐘攪拌一次即可。

無可取代的義大利米

想要烹飪美味道地的義大利傳統燉飯，必須使用義大利所出產的稻米。義大利米的品種及栽種方式有別於其它產地的稻米，除了米粒較大外，其容易釋放澱粉，有助於烹煮燉飯時的高湯變濃稠，米粒形狀也較不易被破壞，更不會有黏成團的問題發生。

4 義大利米的品種

最常見的義大利米品種為——Arborio，其次是“Carnaroli”與“Vialone Nano”。

並非所有義大利米品種都適合製作燉飯，因為 Arborio 品種的義大利米結構扎實，烹煮後容易維持完整米粒的形狀與彈牙口感，較適合作為燉飯料理，此外也可以製作甜點，如米布丁；因此 Arborio 品種的義大利米使用較為廣泛。

有好的高湯才有好的燉飯

義大利傳統燉飯的味道來源主要來自「高湯」，因此製作燉飯的高湯品質非常重要；所使用的高湯需要持續保持滾沸，並且分次加入與米粒燉煮，沸騰的高湯才不會導致燉煮中的米粒降溫。

燉飯與高湯的完美比例

製作燉飯時，需要準備米跟高湯的比例為—— 100 公克的米：400 毫升的高湯。

傳統燉飯最常使用雞高湯，除非是素食料理才會使用蔬菜高湯。高湯分次加入米粒中燉煮，在即將完成燉飯時，每次加高湯的量需逐漸減少，避免不小心高湯加太多無法補救的情況發生。

為了使燉飯呈現良好的濃稠度，需要另準備一鍋煮沸的開水，用來調整燉飯的濃稠度，若太濃稠，可以倒入些許煮沸的開水稀釋。

燉飯濃稠的秘密

煮好的燉飯帶有稀稠的醬汁，此時將燉飯的鍋子離火並加入奶油塊及現刨的帕瑪森起司絲拌勻，增加濃稠度及香氣。但不可以鮮奶油取代奶油塊及帕瑪森起司，因為這不是義大利的正統作法。

燉飯的盛盤

完美濃稠度的燉飯盛放在平底餐盤上會定型，但不會流出多餘的湯汁，搖晃時也可以流動。如果燉飯在平盤上以堆高擺設，這表示燉飯烹煮失敗。

米粒分明的燉飯

過熟的燉飯不但米粒口感會變軟，米粒還會開始破裂成糊狀，這代表烹煮失敗。如果烹煮過程中，米粒還沒煮熟就開始破裂，這表示所選用的義大利米品質不佳。

用時間等待的美味

義大利傳統燉飯製作所需的時間，由炒米到燉煮完成需要 15 ～ 20 分鐘，其沒有一定的時間公式，過程中試吃米粒的軟硬度為最直接的判斷法。預煮燉飯煮不出義大利傳統燉飯的美味，如果一定要節省烹煮時間，可以將米粒以奶油、洋蔥末炒熱後冷藏備用，大約可以縮短 5 分鐘的料理時間。

和風、南洋家常味

日式和風的清爽好味，加上南洋泰式咖哩的家常料理，與燉飯搭配，吸滿醬汁的米粒，一入口香氣滿溢。

| 和風家常味 X 義大利米 |

奶油海苔酪梨燉飯

材 料

A
- 酪梨 1/2 個
- 高麗菜 50 克
- 洋蔥碎 1 大匙
- 蒜碎 1/2 大匙
- 橄欖油適量

B
- 鮮奶油 120cc
- 海苔醬 1 大匙
- 薄口醬油 2 大匙
- 味醂 1 大匙
- 黑胡椒適量
- 黑高湯 1 杯

C
- 義大利米 300 克

D
- 烤熟杏仁片 20 克
- 酪梨切塊 1/2 個

1 酪梨去籽切塊備用。

2 平底鍋中倒入橄欖油，油熱後入洋蔥碎、蒜碎炒至金黃。

3 材料 B 依序加入鍋中拌炒均勻，放入高麗菜、酪梨拌炒約 3 分鐘；再加入煮好的義大利米飯拌炒均勻。（煮義大利米飯，詳閱 p.111 頁）

4 盛盤撒上杏仁片及酪梨塊。

| 和風家常味 X 義大利米 |

蛋包總匯起司燉飯

材料

A
- 雞蛋 2 個
- 無鹽奶油 30 克

B
- 無鹽奶油 50 克
- 洋蔥碎 2 大匙

C
- 龔左羅拉起司 15 克
- 帕馬森起司 20 克
- 莫茲瑞拉起司 30 克
- 奶油少許
- 鹽 1/4 小匙
- 黑胡椒粉 1/4 小匙

D
- 義大利米 300 克

E
- 帕馬森起司少許

1 雞蛋打成蛋液備用。

2 平底鍋中放入無鹽奶油 30 克，均勻塗抹底部，油熱融化後倒入蛋液，煎成蛋皮。

3 另一底平底鍋中放入無鹽奶油 50 克，油熱融化後加入洋蔥碎炒至金黃。

4 加入材料 D 拌炒至起司融化。

5 加入煮好的義大利米飯拌勻。（煮義大利米飯，詳閱 p.111 頁）

6 熄火，將作法 5 的燉飯倒入蛋皮中，再捲起蛋皮。

7 盛盤，蛋皮中間以剪刀剪十字，擺上巴西里為裝飾。

| 和風家常味 X 義大利米 |

照燒野蔬嫩雞燉飯

材料 

2人份

A
- 去骨雞腿 2 隻
- 蒜碎 1/2 大匙
- 洋蔥碎 1 大匙
- 蒜苗適量
- 橄欖油適量
- 鹽適量

B
- 高麗菜 100 克
- 紅椒 1 顆
- 黃椒 1 顆
- 綜合菇 100 克
- 青花菜 50 克
- 蘆筍 50 克
- 蒜苗片適量
- 橄欖油適量

C
- 薑泥 1 小匙
- 柴魚片 5 克
- 薄口醬油 2 大匙
- 味醂 2 大匙
- 白胡椒粉 1/2 小匙
- 高湯 1 杯

D
- 義大利米 300 克

E
- 蒜苗片適量

1 去骨雞腿肉切塊，以橄欖油、鹽醃漬去腥味及嫩化肉質。

2 平底鍋中倒入橄欖油，油熱後入洋蔥碎、蒜碎炒至金黃，再入蒜苗拌炒。

3 雞腿肉塊以中火炒至微焦，放入材料 B 拌炒約 3 分鐘。

4 倒入材料 C 拌炒，加入煮好的義大利米飯拌煮。（煮義大利米飯，詳閱 p.111 頁）。

5 盛盤放上蒜苗片。

｜和風家常味 X 義大利米｜

鮭魚紫蘇青醬燉飯

材　料  2人份

A
- 蒜碎 1/2 大匙
- 洋蔥碎 1 大匙
- 橄欖油適量

B（**紫蘇青醬**）
- 青紫蘇葉 50 克
- 橄欖油 80 克
- 起司粉 80 克
- 烤熟杏仁片 15 克

C
- 黑胡椒粗粒 1/4 小匙
- 醬油 1/2 大匙
- 味醂 1 大匙
- 鮮奶油 120cc
- 高湯 1 杯

D
- 義大利米 300 克

E
- 煙燻鮭魚 200 克
- 鮮奶油適量

1 製作紫蘇青醬：果汁機中放入橄欖油、青紫蘇葉攪拌均勻，再入起司粉及杏仁片拌勻。

2 平底鍋中倒入橄欖油，油熱後加入洋蔥碎、蒜碎炒至金黃。

3 倒入紫蘇青醬、材料 C 拌煮，起鍋前加入鮮奶油拌勻。

4 加入煮好的義大利米飯。（煮義大利米飯，詳閱 p.111 頁）

5 盛盤，放上煙燻鮭魚、鮮奶油為裝飾。

泰式檸檬奶油蟹肉燉飯

材　料 

A
- 蟹腳肉 200 克
- 奶油 50 克
- 鮮奶油 50 克
- 洋蔥碎 1 大匙
- 白酒 1 杯

B
- 鹽適量
- 高湯 1 杯
- 檸檬葉切碎 8 片
- 磨碎的巴馬乾酪或起司粉 40 克

C
- 義大利米 300 克

D
- 檸檬葉碎適量

1 平底鍋中入奶油 50 克，油熱融化後入洋蔥碎炒至金黃。

2 放入蟹腳肉拌炒，再嗆入白酒，拌煮至酒精揮發即可。

3 鮮奶油 50 克、檸檬葉碎入鍋拌勻。

4 放入材料 B 拌勻，加入煮好的義大利米飯拌煮。（煮義大利米飯，詳閱 p.111 頁）。

5 盛盤撒上檸檬葉碎。

| 南洋家常味 X 義大利米 |

泰式酸辣紅咖哩牛肉燉飯

材 料 

A
- 牛肉絲 200 克
- 馬鈴薯切小丁 1 顆
- 青豆 100 克
- 洋蔥 1 大匙
- 蒜碎 1/2 大匙
- 橄欖油 3 大匙
- 鹽適量

B
- 鹽適量
- 檸檬葉 4 片
- 紅咖哩醬 2 大匙
- 檸檬汁 1 大匙
- 椰漿 50cc
- 高湯 1 杯

C
- 義大利米 300 克

D
- 橄欖油少許
- 檸檬葉適量

1 牛肉絲以適量橄欖油、鹽醃漬，去腥味及嫩化肉質。

2 平底鍋中倒入橄欖油，油熱入洋蔥碎、蒜碎炒至金黃。

3 牛肉絲放入鍋中以中小火拌炒，再入馬鈴薯丁炒至牛肉絲變褐色。

4 加入材料 B 拌煮，青豆入鍋拌炒加蓋悶煮約 3 分鐘。

5 加入煮好的義大利米飯。(煮義大利米飯，詳閱 p.111 頁)

6 起鍋淋上橄欖油拌勻；盛盤放上檸檬葉碎。

| 南洋家常味 X 義大利米 |

泰式青咖哩海鮮燉飯

材料  2人份

A
- 大白蝦 8 尾
- 魷魚 50 克
- 蛤蠣 10 顆
- 洋蔥碎 2 大匙
- 橄欖油 3 大匙
- 白酒 1 杯

B
- 奶水 50cc
- 椰漿 100cc
- 高湯 1 杯
- 青咖哩醬 2 大匙
- 檸檬葉切碎 4 片

C
- 鹽適量
- 魚露 2 小匙
- 糖 2 小匙

D
- 義大利米 300 克

E
- 檸檬葉碎適量

1 鍋中倒入奶水、高湯、椰漿煮滾為椰奶醬汁，保溫備用。

2 取另一平底鍋，入橄欖油，油熱後入洋蔥碎炒至金黃。

3 放入材料 A 的海鮮拌炒，倒入白酒，加蓋悶煮約 3 分鐘（至蛤蠣開口）。

4 椰奶醬汁、青咖哩醬、檸檬葉入鍋中拌煮。

5 加入材料 C 拌勻，加入煮好的義大利米飯拌煮。（煮義大利米飯，詳閱 p.111 頁）。

6 盛盤撒上檸檬葉碎。

歐式、中東香料風味

以香料入菜是歐式與中東菜肴的特色，充滿特殊香氣的香料與義大利米飯的融合，燉煮出一道道極具異國風味的特色主食料理。

| 歐式香料 X 義大利米 |

德式肉桂蘋果嫩雞燉飯

材 料 

A

・去骨雞腿 2 隻
・橄欖油 1 大匙
・無鹽奶油 80 克
・洋蔥 2 大匙
・蘋果切小丁 1 顆
・鹽適量

B

・蘋果西打 150cc
・醬油 1 大匙
・糖 1 大匙
・蘋果醋 50cc
・鮮奶油 60cc
・肉桂粉 1 小匙
・黑胡椒粗粒適量

C

・義大利米 300 克

D

・百里香碎適量

1 去骨雞腿肉切塊，以橄欖油、鹽醃漬，去腥味及嫩化肉質。

2 平底鍋倒入奶油，油熱入洋蔥碎炒至金黃。

3 放入醃漬好的雞腿肉塊及蘋果丁，以中火拌炒至微焦。

4 材料 B 除鮮奶油外拌勻，倒入作法 3 的鍋中，拌炒約 3 分鐘。

5 加入煮好的義大利米飯拌均勻。（煮義大利米飯，詳閱 p.111 頁）

6 入鮮奶油拌炒均勻，盛盤撒上百里香碎。

| 歐式香料 X 義大利米 |

法式炙燒鴨胸青醬燉飯

材　料 

A
- 市售熟煙燻鴨胸 200 克
- 蒜碎 1/2 大匙
- 洋蔥碎 1 大匙
- 橄欖油 1 大匙

B（**青醬**）
- 九層塔 50 克
- 橄欖油 80cc
- 起司粉 80 克
- 杏仁片 15 克

C
- 鮮奶油 120cc
- 黑胡椒粗粒 1/4 小匙
- 鹽 1/2 小匙
- 細砂糖 1 小匙
- 細新鮮巴西里少許

D
- 義大利米 300 克

E
- 新鮮百里香少許

1 煙燻鴨胸肉切片。

2 製作青醬：果汁機中放入橄欖油、九層塔攪拌均勻，再入起司粉、杏仁片拌勻。

3 平底鍋中倒入橄欖油，油熱後入洋蔥碎、蒜碎炒至金黃。

4 倒入青醬、鹽、細砂糖、黑胡椒拌炒均勻。

5 加入煮好的義大利米飯。（煮義大利米飯，詳閱 p.111 頁）。

6 起鍋前加入鮮奶油拌勻；切片煙燻鴨胸肉淋上橄欖油。

7 盛盤後鴨胸肉放於燉飯上，以噴火槍噴至微焦，擺上百里香為裝飾。

| 歐式香料 X 義大利米 |

法式起司軟殼蟹燉飯

材 料 2人份

A
- 軟殼蟹 2 隻
- 低筋麵粉適量
- 麵包粉適量
- 蛋黃液 1 個
- 鹽適量
- 黑胡椒粉適量

B
- 無鹽奶油 30 克
- 洋蔥 1 大匙
- 蒜碎 1/2 大匙

C
- 黑胡椒粗粒 1/4 小匙
- 鹽 1/2 小匙
- 細砂糖 1/2 小匙
- 鮮奶油 120cc
- 蛋黃 2 個
- 無鹽奶油 20 克
- 起司粉 50 克
- 橄欖油適量

D
- 義大利米 300 克

E
- 巴西里碎適量

1 軟殼蟹洗淨後去除內臟及鰓，撒上材料 A 的鹽、黑胡椒粉。

2 依序沾裹蛋黃液、低筋麵粉、麵包粉後用手掌壓緊，以油溫 175℃的油鍋炸至金黃酥脆，取出備用。

3 平底鍋中入無鹽奶油 30 克，待融化入洋蔥碎及蒜碎炒至金黃，倒入醬汁。

4 倒入鹽、細砂糖、黑胡椒拌炒均勻，起鍋前加入鮮奶油拌勻。

5 加入煮好的義大利米飯。（煮義大利米飯，詳閱 p.111 頁）

6 熄火拌入蛋黃、起司粉、無鹽奶油。

7 盛盤，放上炸好的軟殼蟹，撒上巴西里碎。

| 歐式香料 X 義大利米 |

法式牛肝蕈雞肉燉飯

材料  2人份

A
- 綜合菇 100 克（香菇、蘑菇、鴻禧菇、雪白菇）
- 生飲水 100cc
- 乾燥牛肝蕈菇 20 克

B
- 去骨雞腿肉 2 隻
- 橄欖油 1 大匙
- 無鹽奶油 50 克
- 洋蔥碎 1 大匙
- 蒜碎 1/2 大匙
- 白酒 1 杯
- 鹽適量

C
- 鹽適量
- 黑胡椒適量
- 無鹽奶油 30 克
- 高湯 1 杯

D
- 義大利米 160 克

E
- 巴西里碎適量

1 牛肝蕈菇洗淨後加入生飲水泡軟，切小片。

2 取一半泡軟的牛肝蕈菇片倒入果汁機中，攪拌均勻為牛肝蕈汁。

3 去骨雞腿肉切塊以橄欖油、鹽醃漬，去腥味及嫩化肉質。

4 平底鍋中放入無鹽奶油 50 克，待融化後入洋蔥碎、蒜碎炒至金黃，入雞腿肉拌炒。

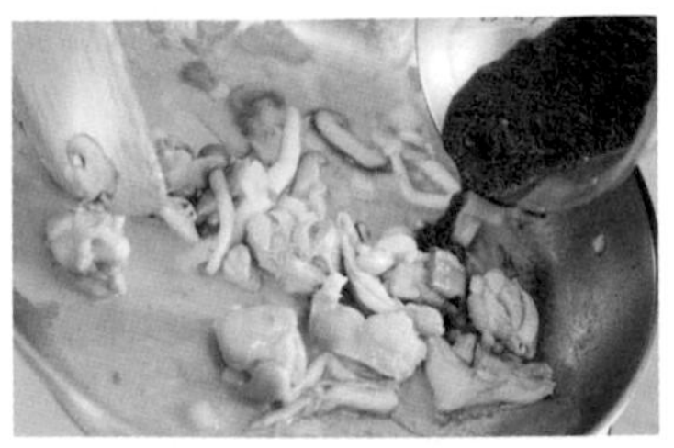

5 倒入牛肝蕈汁及綜合菇拌炒，嗆入白酒，加蓋悶煮約 3 分鐘。

6 將煮好的義大利米飯放入作法 6 的鍋中，與食材拌炒均勻。（煮義大利米飯，詳閱 p.111 頁）

7 放入作法 1 中剩下的牛肝蕈菇片拌勻。

8 熄火，起鍋前加入材料 C 拌勻；盛盤，撒上巴西里碎。

｜歐式香料 X 義大利米｜

墨西哥辣牛肉燉飯

材料 2人份

A
- 牛絞肉 150 克
- 橄欖油 3 大匙
- 蒜碎 1/2 匙
- 白酒 1 杯
- 洋蔥碎 1 大匙

B
- 黑橄欖片 20 克
- 墨西哥青辣椒片 20 克
- 墨西哥塔可粉 15 克
- 切碎番茄 70 克
- 番茄糊 20 克
- 番茄醬 10 克
- 去皮番茄 35 克
- 洋蔥泥 50 克
- 高湯 1 杯

C
- 黑胡椒粗粒 1/2 小匙
- 鹽 1 小匙
- 細砂糖 1 小匙

D
- 義大利米 300 克

E
- 黑橄欖片適量
- 巴西里碎適量

1 B 食材倒入果汁機中攪拌均勻，為醬汁。

2 牛絞肉以適量橄欖油醃漬，去腥、嫩化肉質。

3 平底鍋中倒入橄欖油，油熱後入洋蔥碎、蒜碎炒至金黃。

4 牛絞肉入鍋，以中火拌炒至變色，嗆入白酒，加蓋悶煮約 3 分鐘。

5 作法 1 的醬汁倒入鍋中拌炒。

6 煮好的義大利米飯入作法 5 鍋中拌炒。（煮義大利米飯，詳閱 p.111 頁）

7 熄火，起鍋前加入材料 C 拌勻。

8 盛盤，撒上材料 E。

Pasta Cooking Tips

・作法 1 以果汁機攪打醬汁，切勿攪拌過碎成泥，影響口感。

| 歐式香料 X 義大利米 |

波士頓巧達蛤蠣燉飯

材 料  2人份

A
- 蛤蠣 20 顆
- 洋蔥碎 2 大匙
- 蒜碎 1/2 大匙
- 培根 2 片
- 馬鈴薯 50 克
- 橄欖油 3 大匙
- 乾辣椒段 2 根
- 白酒 1 杯

B
- 鹽適量
- 黑胡椒粗粒適量

C
- 鮮奶（熱）1 杯
- 鮮奶油 100cc
- 起司粉 3 大匙

D
- 義大利米 300 克

E
- 起司粉適量
- 巴西里碎適量

1 培根、馬鈴薯切小丁。

2 平底鍋倒入橄欖油，油熱後入洋蔥碎、蒜碎炒至金黃，入培根、馬鈴薯、乾辣椒段拌炒約 3 分鐘。

3 再入蛤蠣拌炒，嗆入白酒，加蓋悶煮約 3 分鐘，倒入熱鮮奶拌勻。

4 放入煮好的義大利米飯、起司粉拌炒，加入鮮奶油拌炒。（煮義大利米飯，詳閱 p.111 頁）

5 熄火，起鍋前加入材料 B 攪拌。

6 盛盤，撒上材料 E。

| 中東香料 X 義大利米 |

印度蔬菜燉飯

材　料 

A
- 橄欖油 3 大匙
- 洋蔥碎 3 大匙

B
- 牛番茄切小塊 1 顆
- 四季豆丁 50 克
- 紅蘿蔔丁半根
- 青花菜 50 克
- 青豆 50 克

C
- 高湯 1 杯
- 辣椒末 1 小匙
- 薑末 1 小匙
- 蒜末 1 小匙
- 小茴香籽 1/2 小匙
- 印度綜合香料 1/2 小匙
- 鹽適量

D
- 義大利米 300 克

E
- 香菜適量

1 平底鍋中倒入橄欖油，油熱加入洋蔥碎炒至金黃。

2 材料 B 除牛番茄外的蔬菜入鍋中拌炒約 5 分鐘。

3 依序放入材料 C，再入材料 B 的牛番茄塊拌炒，倒入高湯煮滾。

4 加入煮好的義大利米飯。（煮義大利米飯，詳閱 p.111 頁）。

5 熄火後放入鹽調味，起鍋前加入橄欖油及香菜碎拌勻。

6 盛盤，放上香菜裝飾。

Pasta Cooking Tips

- **印度綜合香料粉：**
  黑胡椒粉 1/2 大匙、白胡椒粉 1/2 大匙、辣椒粉 1/2 大匙、薑黃粉 1/2 小匙滿、肉桂粉 1/4 小匙、丁香粉 1/4 小匙、茴香粉 1/4 小匙、小茴香粉 1/4 小匙、肉荳蔻粉 1/4 小匙、小荳蔻粉 1/4 小匙混合均勻即完成印度綜合香料可用在醃肉，製作香料烤肉醬及油炸物的沾粉。

｜中東香料 X 義大利米｜

約旦酸奶薑黃羊肉燉飯

材料  2人份

A
- 羊絞肉 200 克
- 洋蔥碎 2 大匙
- 橄欖油 3 大匙
- 鹽適量
- 無鹽奶油 30 克

B
- 原味優格 2 杯
- 蛋 1 個
- 薑黃粉 1 小匙
- 孜然粉 1/4 小匙
- 鹽適量
- 黑胡椒粗粒適量
- 高湯 1 杯

C
- 義大利米 300 克

D
- 烤核果適量

1 羊絞肉以適量橄欖油、鹽醃漬，去腥味及嫩化肉質。

2 平底鍋倒入橄欖油、無鹽奶油，待油熱融化入洋蔥碎炒至金黃。

3 醃漬好的羊絞肉入鍋中，中火拌炒至變色，加入材料 B 中的原味優格、蛋。

4 以同方向快速攪拌至濃稠，加蓋以小火悶煮約 3 分鐘。

5 加入材料 B 其餘食材拌炒均勻。

6 煮好的義大利米飯入鍋中拌煮。（煮義大利米飯，詳閱 p.111 頁）

7 盛盤，撒上烤核果。

| 中東香料 X 義大利米 |

番茄肉醬燉飯

材料 

A
- 牛絞肉 300 克
- 洋蔥碎 3 大匙
- 無鹽奶油 30 克
- 牛番茄切小塊 1 顆
- 馬鈴薯切小丁 1 顆
- 橄欖油 1 大匙

B
- 高湯 1 杯
- 肉桂粉少許
- 小茴香少許
- 丁香粉少許
- 肉荳蔻少許

C
- 鹽 1 小匙
- 細砂糖 1/2 小匙
- 黑胡椒粗粒少許

D
- 義大利米 300 克

E
- 香菜末 1 大匙

1 牛絞肉以適量橄欖油醃漬，去腥味及嫩化肉質。

2 牛番茄切塊、馬鈴薯切丁備用。

3 平底鍋倒入橄欖油、無鹽奶油 30 克，待油熱融化後放入洋蔥碎炒至金黃。

4 醃漬好的牛絞肉入鍋中，以中火拌炒至變色，再入牛番茄塊及馬鈴薯丁拌炒，加蓋小火悶煮約 3 分鐘。

5 材料 B 放入鍋中拌炒。

6 放入煮好的義大利米飯拌煮。（煮義大利米飯，詳閱 p.111 頁）

7 起鍋前加入材料 D 拌勻；盛盤放上香菜末。

| 中東香料 X 義大利米 |

埃及青豆嫩雞燉飯

材 料 

2人份

A
- 去骨雞腿肉 2 隻
- 青豆 200 克
- 蒜碎 1/2 大匙
- 牛番茄切丁 2 顆
- 橄欖油 3 大匙
- 鹽適量

B
- 番茄糊 1 1/2 大匙
- 小茴香少許
- 高湯 1 杯
- 鹽 1 小匙
- 黑胡椒粗粒少許
- 橄欖油適量

C
- 義大利米 300 克

D
- 香菜末 1/2 大匙

1 去骨雞腿肉切塊以適量橄欖油、鹽醃漬，去腥味及嫩化肉質。

2 平底鍋倒入橄欖油，油熱入去骨雞腿肉，以中火炒至稍微焦黃，再入蒜碎炒至金黃。

3 牛番茄及青豆入鍋拌炒，加蓋以小火悶煮約 5 分鐘。

4 材料 B 拌匀後倒入鍋中與食材一同拌炒。

5 放入煮好的義大利米飯拌煮。（煮義大利米飯，詳閱 p.111 頁）。

6 盛盤，撒上香菜末。

義大利、西班牙道地風味

由義大利、西班牙的經典醬汁，青醬、紅醬搭配新鮮的食材，不僅燉煮出食材的甜味與鮮味，也讓米粒吸附醬汁更加飽滿，品嘗一口，美味無法擋。

| 義大利風味 × 義大利米 |

義式黃金起司炸飯糰

材料 

2人份

A（紅醬）
- 牛番茄 200 克
- 洋蔥 1 大匙
- 蒜碎 1/4 大匙
- 巴西里 2 克
- 辣椒 1/2 根
- 九層塔適量
- 高湯 150cc

B
- 起司粉 50 克
- 奧勒岡香料適量
- 玄米油 1 公升
- 麵包粉適量
- 雞蛋 2 個
- 低筋麵粉適量
- 義大利米 300 克
- 莫茲瑞拉起司 50 克

1 牛番茄底部以刀輕劃十字，鍋中倒入水煮沸後入牛番茄，煮約 1 分鐘。

2 取出煮好牛番茄，從底部十字切口處去掉番茄皮。

3 紅醬 150 克、高湯 150cc、生義大利米 300 克放入電鍋中，煮熟取出拌入起司粉，待涼即為番茄飯。

4 番茄飯鋪於手掌上，中間放入 1 ～ 2 塊莫茲瑞拉起司塊（厚度約 1.5cm），搓成圓球狀為飯糰。

5 麵包粉及適量的奧勒岡香料拌勻為香料麵包粉。

6 飯糰依序沾附麵粉、蛋液、香料麵包粉，備用。

7 深鍋中倒入玄米油加熱至 180℃，放入飯糰油炸至外表呈金黃色。

8 盛盤，盤上倒入適量的紅醬，放上飯糰。

Pasta Cooking Tips

- **作法 4 搓飯糰時可將手掌沾上少許橄欖油防止米粒沾黏。**

| 義大利風味 × 義大利米 |

羅勒鮮蚵燉飯

材 料

2人份

A
- 鮮蚵 250 克
- 橄欖油 3 大匙
- 洋蔥碎 1 大匙

B（青醬）
- 橄欖油 80cc
- 九層塔 50 克
- 起司粉 80 克
- 烤過杏仁片 15 克

C
- 黑胡椒粗粒 1/4 小匙
- 鹽 1/2 小匙
- 細砂糖 1 小匙
- 高湯適量
- 鮮奶油 120cc

D
- 義大利米 300 克

E
- 鮮奶油適量

1 製作青醬：果汁機中放入橄欖油、九層塔攪拌均勻，再入起司粉及杏仁片攪拌。

2 平底鍋中倒入橄欖油，油熱後入洋蔥碎炒至金黃，倒入青醬及材料 C 拌炒。

3 加入煮好的義大利米飯。（煮義大利米飯，詳閱 p.111 頁）

4 鮮蚵入鍋中與飯拌炒。

5 盛盤，淋上鮮奶油為裝飾。

Pasta Cooking Tips

- **青醬中的杏仁片可更換為烤過的松子，但松子內植物油脂含量高，吃起來較易膩口。**
- **鮮蚵可在燉飯煮好後起鍋前再加入，用餘溫熟化即可，口感較好。**

｜義大利風味 × 義大利米｜

番茄野蔬燉飯

材　料 

A（紅醬）
- 牛番茄 400 克
- 洋蔥 2 大匙
- 蒜碎 1/2 大匙
- 巴西里 5 克
- 高湯適量

B
- 紅椒片 1 顆
- 黃椒片 1 顆
- 綜合菇 100 克
- 青花菜 50 克
- 蘆筍 50 克
- 橄欖油 3 大匙
- 起司粉 80 克

C
- 義大利米 300 克

D
- 起司粉適量
- 九層塔葉碎適量

1 牛番茄底部輕劃十字；鍋中加入水煮滾入牛番茄，煮約 1 分鐘。

2 取出牛番茄，從十字處去皮備用。

3 材料 A 依序放入果汁機中攪拌均勻為紅醬。

4 平底鍋中倒入橄欖油，油熱後入材料 B 拌炒。

5 倒入紅醬拌勻。

6 加入煮好的義大利米飯。（煮義大利米飯，詳閱 p.111 頁）

7 加蓋悶煮約 3 分鐘至食材入味；盛盤，撒上起司粉、九層塔葉碎。

| 義大利風味 × 義大利米 |

奶油煙燻培根燉飯

材 料 

A
- 煙燻培根切絲 150 克
- 黃椒切丁 50 克
- 紅椒切丁 50 克
- 橄欖油適量

B
- 鮮奶油 120cc
- 起司粉 50 克
- 蛋黃 1 個
- 黑胡椒粗粒 1/4 小匙
- 鹽 1/2 小匙
- 高湯適量

C
- 義大利米 300 克

D
- 巴西里碎適量
- 蛋黃 2 個

1 厚底平底鍋中倒入橄欖油，油熱後入煙燻培根拌炒約 3 分鐘。

2 紅、黃椒丁放入鍋中炒，倒入鮮奶油拌炒均勻約 3 分鐘。

3 加入蛋黃、起司粉、高湯攪拌均勻，再以鹽、黑胡椒粗粒調味。

4 加入煮好的義大利米飯拌煮。（煮義大利米飯，詳閱 p.111 頁）

5 盛盤，放上蛋黃，撒上巴西里碎。

| 義大利風味 × 義大利米 |

黑呼呼墨魚燉飯

材料

A
- 墨魚（花枝）400 克
- 青豆 200 克
- 洋蔥碎 1 大匙
- 蒜碎 1/2 大匙
- 橄欖油 3 大匙
- 白酒 1 杯
- 高湯 1 杯

B
- 墨囊 1 付
- 鹽 1 小匙
- 黑胡椒粗粒 1/4 小匙

C
- 義大利米 300 克

1 墨魚洗淨後切小塊，保留墨囊備用。

2 平底鍋中倒入橄欖油，油熱後入洋蔥碎、蒜碎炒至金黃。

3 放入墨魚塊拌炒，倒入白酒炒至酒精揮發，再入高湯以小火慢煮約 5 分鐘。

4 加入煮好的義大利米飯。（煮義大利米飯，詳閱 p.111 頁）

5 用刀劃開墨囊，墨汁倒入飯中與青豆拌勻，小火燜煮約 5 分鐘入味。

6 起鍋前入鹽及黑胡椒粗粒調味。

| 義大利風味 × 義大利米 |

義式百菇燉飯

材　料 

A
- 香菇 50 克
- 鴻喜菇 50 克
- 雪白菇 50 克
- 洋菇 50 克
- 乾燥牛肝蕈菇 20 克

B
- 洋蔥碎 1 大匙
- 蒜碎 1/2 大匙
- 橄欖油 3 大匙
- 無鹽奶油 20 克
- 白酒 1 杯
- 高湯適量

C
- 起司粉 50 克
- 巴西里碎適量
- 鹽 1 小匙
- 黑胡椒粗粒 1/4 小匙

D
- 義大利米 300 克

E
- 巴西里碎適量

1 牛肝蕈菇洗淨後加入生飲水泡軟，切小片。

2 取一半泡軟的牛肝蕈菇片倒入果汁機中，攪拌均勻為牛肝蕈汁。

3 香菇洗淨後切除莖部，切成厚片備用。

4 平底鍋中放入橄欖油及無鹽奶油 20 克，待融化入洋蔥碎、蒜碎炒至金黃。

5 倒入牛肝蕈汁及綜合菇拌炒，嗆入白酒至酒精揮發後，加入高湯加蓋悶煮約 3 分鐘。

6 將煮好的義大利米飯放入作法 5 的鍋中拌炒均勻。（煮義大利米飯，詳閱 p.111 頁）

7 放入作法 1 中剩下的牛肝蕈菇片拌勻。

8 熄火，起鍋前加入材料 C 拌勻；盛盤，撒上巴西里碎。

| 義大利風味 × 義大利米 |

培根蒜苗燉飯

材 料 

A
- 培根 100 克
- 蒜苗 250 克
- 紅蔥頭碎 15 克
- 無鹽奶油 30 克

B
- 高湯適量
- 無鹽奶油 10 克
- 起司粉 30 克
- 白酒 1/2 杯
- 鹽 1 小匙
- 黑胡椒粉 1/4 小匙

C
- 義大利米 300 克

D
- 蒜苗碎適量量

1 培根切段，蒜苗切段。

2 平底鍋中入無鹽奶油 15 克，油熱融化入蒜苗炒軟，倒入白酒 1/2 杯，拌炒。

3 加入培根炒約 5 分鐘，入鹽及黑胡椒粉調味，熄火備用。

4 取另一鍋，入無鹽奶油 15 克，油熱融化後入紅蔥頭碎炒軟。

5 加入煮好的義大利米飯，倒入白酒拌煮至酒精蒸發，加入適量高湯。（煮義大利米飯，詳閱 p.111 頁）

6 熄火前 3 分鐘，放入作法 3 的蒜苗培根拌炒。

7 加入無鹽奶油 10 克及起司粉拌勻；盛盤撒上蒜苗碎。

| 西班牙風味 X 義大利米 |

西班牙番茄辣腸燉飯

材料 

2人份

A
- 沙拉米臘腸 150 克
- 小番茄切半 10 顆
- 無鹽奶油 30 克
- 洋蔥碎 3 大匙
- 蒜碎 1/2 大匙
- 橄欖油 3 大匙

B
- 鬱金香粉 1/2 小匙
- 酸豆 10 克
- 鮮奶油 60cc

C
- 義大利米 300 克

D
- 起司粉 50 克

E
- 九層塔少許

1 平底鍋入橄欖油及無鹽奶油 30 克，油熱入洋蔥碎、蒜碎炒至金黃。

3 依序放入材料 B 拌煮約 3 分鐘。

2 臘腸及小番茄入鍋中，以中火拌炒。

4 煮好的義大利米飯入鍋中。（煮義大利米飯，詳閱 p.111 頁）。

5 熄火，起鍋前入起司粉拌勻。

6 盛盤，撒上九層塔。

Pasta Cooking Tips

- **沙拉米臘腸“Salami”又譯「義大利香腸」，為歐洲一種風乾豬肉香腸，常見於歐美國家的超市、肉食店；其與香腸類似，為歐洲許多國家的日常肉類製品來源之一，常用於開胃菜、土司麵包餡料或下酒菜，也可用來製作披薩、拌沙拉等。**

| 西班牙風味 X 義大利米 |

橙汁甜椒鮭魚燉飯

材 料 
2人份

A
- 紅椒 1 顆
- 黃椒 1 顆
- 香吉士榨汁 2 顆

B
- 洋蔥碎 1 大匙
- 蒜碎 1/2 大匙
- 橄欖油 3 大匙
- 百里香葉少量

C
- 鮮奶油 100cc
- 鹽適量
- 高湯適量

D
- 義大利米 300 克

E
- 煙燻鮭魚切片 150 克
- 百里香切碎適量

1 果汁機中依序放入材料 A 攪拌均勻為醬汁。

2 平底鍋中入橄欖油，油熱後入洋蔥碎、蒜碎炒至金黃。

3 放入百里香葉拌炒約 3 分鐘。

4 倒入作法 1 的醬汁、鮮奶油及高湯拌煮。

5 煮好的義大利米飯入鍋中拌炒均勻。（煮義大利米飯，詳閱 p.111 頁）

6 熄火，起鍋前入鹽拌勻；盛盤放上煙燻鮭魚片及百里香碎。

Pasta Cooking Tips

- 紅、黃椒建議先經烤過或滾水煮過去皮後再和香吉士汁打成醬汁，口感較佳。

附錄——本書使用食材與相關料理一覽表

肉類	
豬絞肉	p.038 腐乳肉醬義大利麵
	p.076 打抛醬燒豬肉義大利麵
豬里肌	p.034 茄汁麻醬嫩煎豬排義大利麵
豬肉片	p.074 魚露風味番茄豬肉細扁麵
豬肉絲	p.064 博多豚燒麻花捲麵
培根	p.142 波士頓巧達蛤蠣燉飯
	p.166 義式培根蒜苗燉飯
煙燻培根	p.086 奶油蘑菇煙燻培根筆管麵
	p.160 奶油煙燻培根燉飯
煙燻鮭魚	p.122 鮭魚紫蘇青醬燉飯
	p.170 西班牙橙汁甜椒鮭魚燉飯
煙燻鴨胸	p.134 法式炙燒鴨胸青醬燉飯
香腸	p.100 法式馬茲瑞拉香腸義大利麵
臘腸	p.168 西班牙番茄臘腸燉飯
牛絞肉	p.140 墨西哥辣牛肉燉飯
	p.148 番茄肉醬燉飯
牛肉絲	p.042 番茄京醬肉絲細扁麵
	p.126 泰式酸辣紅咖哩牛肉燉飯
火鍋用牛肉片	p.054 沙茶蔥燒牛肉義大利麵
羊絞肉	p.146 約旦酸奶薑黃羊肉燉飯
去骨雞腿肉	p.040 辣味宮保嫩雞鳥巢麵
	p.044 蠔油蒜炒土雞細扁麵
	p.094 南洋咖哩南瓜嫩雞細扁麵
	p.062 嫩雞和風奶油細扁麵
	p.068 札幌醬燒地雞水管麵
	p.072 檸香奶油嫩雞麻花捲麵
	p.084 卡彭那拉蕈菇嫩雞鳥巢麵
	p.118 照燒野蔬嫩雞燉飯
	p.132 德式肉桂蘋果嫩雞燉飯
	p.138 法式牛肝蕈雞肉燉飯
	p.150 埃及青豆嫩雞燉飯

海鮮	
中卷	p.052 三杯辣味中卷細扁麵
蛤蜊	p.046 蒜香白酒蛤蜊義大利麵
	p.128 泰式青咖哩海鮮燉飯
	p.142 波士頓巧達蛤蠣燉飯
蚵	p.156 羅勒鮮蚵燉飯
魷魚	p.048 五味鮮魷天使冷麵
	p.078 酸辣海鮮義大利麵
	p.090 羅勒海鮮細扁麵
	p.128 泰式青咖哩海鮮燉飯
墨魚	p.162 黑呼呼墨魚燉飯
干貝	p.050 XO 醬海鮮水管麵
	p.070 辣味青木瓜干貝天使冷麵
	p.078 酸辣海鮮義大利麵
	p.080 蝦醬干貝炒鮮蔬細扁麵
	p.090 羅勒海鮮細扁麵
	p.098 法式芥末籽干貝鳥巢麵
蝦米	p.050 XO 醬海鮮水管麵
	p.070 辣味青木瓜干貝天使冷麵
白蝦	p.036 茄汁干燒大蝦義大利麵
	p.058 昆布奶油溫泉蛋鮮蝦水管麵
	p.066 和風奶油鮮蝦明太子義大利麵
	p.078 酸辣海鮮義大利麵
	p.090 羅勒海鮮細扁麵
	p.128 泰式青咖哩海鮮燉飯
白蝦仁	p.060 梅醬紫蘇蝦仁蘆筍義大利冷麵
蟹	p.090 羅勒海鮮細扁麵
	p.124 泰式檸檬奶油蟹肉燉飯
	p.136 法式起司軟殼蟹燉飯
櫻花蝦	p.092 甜醋白酒櫻花蝦義大利麵
鮭魚	p.088 茄汁魚卵鮭魚細麵
魚卵	p.066 和風奶油鮮蝦明太子義大利麵
	p.088 茄汁魚卵鮭魚細麵
淡菜	p.102 墨西哥酷辣淡菜義大利麵

蔬果	
檸檬	p.070 辣味青木瓜干貝天使冷麵
	p.076 打抛醬燒豬肉義大利麵
	p.078 酸辣海鮮義大利麵
	p.080 蝦醬干貝炒鮮蔬細扁麵
	p.096 希臘油封番茄鮪魚鷹嘴豆細扁麵
	p.126 泰式酸辣紅咖哩牛肉燉飯
柳橙	p.078 酸辣海鮮義大利麵
香吉士	p.088 茄汁魚卵鮭魚細麵
	p.096 希臘油封番茄鮪魚鷹嘴豆細扁麵
	p.100 法式馬茲瑞拉香腸義大利麵
	p.104 韓式橙香茄汁泡菜豬肉細扁麵
	p.170 橙汁甜椒鮭魚燉飯
蘋果	p.132 德式肉桂蘋果嫩雞燉飯
紅蘿蔔	p.054 沙茶蔥燒牛肉義大利麵
	p.144 印度蔬菜燉飯
馬鈴薯	p.126 泰式酸辣紅咖哩牛肉燉飯
	p.142 波士頓巧達蛤蠣燉飯
	p.148 番茄肉醬燉飯
青豆	p.126 泰式酸辣紅咖哩牛肉燉飯
	p.144 印度蔬菜燉飯
	p.150 埃及青豆嫩雞燉飯
	p.162 黑呼呼墨魚燉飯
牛番茄	p.034 茄汁麻醬嫩煎豬排義大利麵
	p.060 梅醬紫蘇蝦仁蘆筍義大利冷麵
	p.074 魚露風味番茄豬肉細扁麵
	p.088 茄汁魚卵鮭魚細麵
	p.092 甜醋白酒櫻花蝦義大利麵
	p.100 法式馬茲瑞拉香腸義大利麵
	p.102 墨西哥酷辣淡菜義大利麵
	p.104 韓式橙香茄汁泡菜豬肉細扁麵
	p.140 墨西哥辣牛肉燉飯
	p.144 印度蔬菜燉飯
	p.148 番茄肉醬燉飯
	p.150 埃及青豆嫩雞燉飯
	p.154 義式黃金起司炸飯糰
	p.158 番茄野蔬燉飯
小番茄	p.042 番茄京醬肉絲細扁麵
	p.070 辣味青木瓜干貝天使冷麵
	p.074 魚露風味番茄豬肉細扁麵
	p.076 打抛醬燒豬肉義大利麵
	p.080 蝦醬干貝炒鮮蔬細扁麵
	p.096 希臘油封番茄鮪魚鷹嘴豆細扁麵
	p.168 西班牙番茄臘腸燉飯
綜合菇(香菇、蘑菇、鴻喜菇、雪白菇)	p.080 蝦醬干貝炒鮮蔬細扁麵
	p.120 照燒野蔬嫩雞燉飯
	p.138 法式牛肝蕈雞肉燉飯
	p.158 番茄野蔬燉飯
	p.164 義式百菇燉飯

鴻喜菇	p.084 卡彭那拉蕈菇嫩雞鳥巢麵
	p.164 義式百菇燉飯
香菇	p.084 卡彭那拉蕈菇嫩雞鳥巢麵
	p.086 奶油蘑菇煙燻培根筆管麵
	p.164 義式百菇燉飯
蘑菇	p.086 奶油蘑菇煙燻培根筆管麵
	p.164 百菇燉飯
牛肝蕈菇	p.138 法式牛肝蕈雞肉燉飯
	p.164 義式百菇燉飯
蘆筍	p.060 梅醬紫蘇蝦仁蘆筍義大利冷麵
	p.080 蝦醬干貝炒鮮蔬細扁麵
	p.120 照燒野蔬嫩雞燉飯
	p.158 番茄野蔬燉飯
黃椒	p.088 茄汁魚卵鮭魚細麵
	p.120 照燒野蔬嫩雞燉飯
	p.158 番茄野蔬燉飯
	p.160 奶油煙燻培根燉飯
	p.170 橙汁甜椒鮭魚燉飯
紅椒	p.088 茄汁魚卵鮭魚細麵
	p.120 照燒野蔬嫩雞燉飯
	p.158 番茄野蔬燉飯
	p.160 奶油煙燻培根燉飯
	p.170 橙汁甜椒鮭魚燉飯
高麗菜	p062 嫩雞和風奶油細扁麵
	p.064 博多豚燒麻花捲麵
	p.068 札幌醬燒地雞水管麵
	p.116 奶油海苔酪梨燉飯
	p.120 照燒野蔬嫩雞燉飯
青花菜	p.080 蝦醬干貝炒鮮蔬細扁麵
	p.120 照燒野蔬嫩雞燉飯
	p.158 番茄野蔬燉飯
四季豆	p.070 辣味青木瓜干貝天使冷麵
	p.144 印度蔬菜燉飯
紫蘇梅	p.060 梅醬紫蘇蝦仁蘆筍義大利冷麵
南瓜	p.094 南洋咖哩南瓜嫩雞細扁麵
酪梨	p.116 奶油海苔酪梨燉飯
洋蔥	p.054 沙茶蔥燒牛肉義大利麵
	p.058 昆布奶油溫泉蛋鮮蝦水管麵
	p.060 梅醬紫蘇蝦仁蘆筍義大利冷麵
	p.062 嫩雞和風奶油細扁麵
	p.064 博多豚燒麻花捲麵
	p.066 和風奶油鮮蝦明太子義大利麵
	p.072 檸香奶油嫩雞麻花捲麵
	p.074 魚露風味番茄豬肉細扁麵
	p.080 蝦醬干貝炒鮮蔬細扁麵
	p.084 卡彭那拉蕈菇嫩雞鳥巢麵
	p.086 奶油蘑菇煙燻培根筆管麵
	p.088 茄汁魚卵鮭魚細麵
	p.090 羅勒海鮮細扁麵
	p.092 甜醋白酒櫻花蝦義大利麵
	p.094 南洋咖哩南瓜嫩雞細扁麵
	p.098 法式芥末籽干貝鳥巢麵
	p.102 墨西哥酷辣淡菜義大利麵
	p.104 韓式橙香茄汁泡菜豬肉細扁麵
	p.116 奶油海苔酪梨燉飯
	p.118 和風蛋包總匯起司燉飯
	p.120 照燒野蔬嫩雞燉飯
	p.122 鮭魚紫蘇青醬燉飯
	p.124 泰式檸檬奶油蟹肉燉飯
	p.126 泰式酸辣紅咖哩牛肉燉飯
	p.128 泰式青咖哩海鮮燉飯
	p.134 法式炙燒鴨胸青醬燉飯
	p.136 法式起司軟殼蟹燉飯
	p.138 法式牛肝蕈雞肉燉飯
	p.140 墨西哥辣牛肉燉飯
	p.142 波士頓巧達蛤蠣燉飯
	p.144 印度蔬菜燉飯
	p.146 約旦酸奶薑黃羊肉燉飯
	p.148 番茄肉醬燉飯
	p.154 義式黃金起司炸飯糰
	p.156 羅勒鮮蚵燉飯
	p.158 番茄野蔬燉飯
	p.160 奶油煙燻培根燉飯
	p.162 黑呼呼墨魚燉飯
	p.164 義式百菇燉飯
	p.168 西班牙番茄臘腸燉飯
	p.170 橙汁甜椒鮭魚燉飯
辛香料	
蔥	p.034 茄汁麻醬嫩煎豬排義大利麵
	p.036 茄汁干燒大蝦義大利麵
	p.038 腐乳肉醬義大利麵
	p.040 辣味宮保嫩雞鳥巢麵
	p.042 番茄京醬肉絲細扁麵
	p.044 蠔油蒜炒土雞細扁麵
	p.048 五味鮮魷天使冷麵
	p.050 XO 醬海鮮水管麵
	p.052 三杯辣味中卷細扁麵
	p.054 沙茶蔥燒牛肉義大利麵
	p.062 嫩雞和風奶油細扁麵
	p.104 韓式橙香茄汁泡菜豬肉細扁麵
紅蔥頭	p.166 培根蒜苗燉飯
薑	p.036 茄汁干燒大蝦義大利麵
	p.048 五味鮮魷天使冷麵
	p.052 三杯辣味中卷細扁麵
	p.068 札幌醬燒地雞水管麵
	p.120 照燒野蔬嫩雞燉飯
	p.144 印度蔬菜燉飯
蒜頭	p.034 茄汁麻醬嫩煎豬排義大利麵
	p.036 茄汁干燒大蝦義大利麵
	p.038 腐乳肉醬義大利麵
	p.040 辣味宮保嫩雞鳥巢麵
	p.042 番茄京醬肉絲細扁麵
	p.046 蒜香白酒蛤蜊義大利麵
	p.048 五味鮮魷天使冷麵
	p.050 XO 醬海鮮水管麵
	p.052 三杯辣味中卷細扁麵
	p.054 沙茶蔥燒牛肉義大利麵
	p.058 昆布奶油溫泉蛋鮮蝦水管麵
	p.060 梅醬紫蘇蝦仁蘆筍義大利冷麵
	p.062 嫩雞和風奶油細扁麵
	p.064 博多豚燒麻花捲麵
	p.066 和風奶油鮮蝦明太子義大利麵
	p.068 札幌醬燒地雞水管麵
	p.070 辣味青木瓜干貝天使冷麵

	p.072 檸香奶油嫩雞麻花捲麵
	p.074 魚露風味番茄豬肉細扁麵
	p.076 打拋醬燒豬肉義大利麵
	p.088 茄汁魚卵鮭魚細麵
	p.090 羅勒海鮮細扁麵
	p.092 甜醋白酒櫻花蝦義大利麵
	p.094 南洋咖哩南瓜嫩雞細扁麵
	p.096 希臘油封番茄鮪魚鷹嘴豆細扁麵
	p.098 法式芥末籽干貝鳥巢麵
	p.100 法式馬茲瑞拉香腸義大利麵
	p.116 奶油海苔酪梨燉飯
	p.120 照燒野蔬嫩雞燉飯
	p.122 鮭魚紫蘇青醬燉飯
	p.126 泰式酸辣紅咖哩牛肉燉飯
	p.132 德式肉桂蘋果嫩雞燉飯
	p.134 法式炙燒鴨胸青醬燉飯
	p.136 法式起司軟殼蟹燉飯
	p.138 法式牛肝蕈雞肉燉飯
	p.140 墨西哥辣牛肉燉飯
	p.142 波士頓巧達蛤蠣燉飯
	p.144 印度蔬菜燉飯
	p.150 埃及青豆嫩雞燉飯
	p.154 炸黃金起司飯糰
	p.158 番茄野蔬燉飯
	p.160 奶油煙燻培根燉飯
	p.162 黑呼呼墨魚燉飯
	p.164 義式百菇燉飯
	p.168 西班牙番茄臘腸燉飯
	p.170 橙汁甜椒鮭魚燉飯
蒜苗	p.044 蠔油蒜炒土雞細扁麵
	p.068 札幌醬燒地雞水管麵
	p.120 照燒野蔬嫩雞燉飯
	p.166 培根蒜苗燉飯
辣椒	p.038 腐乳肉醬義大利麵
	p.040 辣味宮保嫩雞鳥巢麵
	p.046 蒜香白酒蛤蜊義大利麵
	p.048 五味鮮魷天使冷麵
	p.050 XO 醬海鮮水管麵
	p.052 三杯辣味中卷細扁麵
	p.054 沙茶蔥燒牛肉義大利麵
	p.070 辣味青木瓜干貝天使冷麵
	p.076 打拋醬燒豬肉義大利麵
	p.078 酸辣海鮮義大利麵
	p.080 蝦醬干貝炒鮮蔬細扁麵
	p.088 茄汁魚卵鮭魚細麵
	p.100 法式馬茲瑞拉香腸義大利麵
	p.140 墨西哥辣牛肉燉飯
	p.142 波士頓巧達蛤蠣燉飯
	p.154 義式黃金起司炸飯糰
巴西里	p.046 蒜香白酒蛤蜊義大利麵
	p.084 卡彭那拉蕈菇嫩雞鳥巢麵
	p.088 茄汁魚卵鮭魚細麵
	p.090 羅勒海鮮細扁麵
	p.098 法式芥末籽干貝鳥巢麵
	p.100 法式馬茲瑞拉香腸義大利麵
	p.136 法式起司軟殼蟹燉飯
	p.138 法式牛肝蕈雞肉燉飯
	p.142 波士頓巧達蛤蠣燉飯
	p.140 墨西哥辣牛肉燉飯
	p.158 番茄野蔬燉飯
	p.160 奶油煙燻培根燉飯
	p.164 義式百菇燉飯
香菜	p.048 五味鮮魷天使冷麵
	p.076 打拋醬燒豬肉義大利麵
	p.144 印度蔬菜燉飯
	p.0148 番茄肉醬燉飯
	p.150 埃及青豆嫩雞燉飯
九層塔	p.046 蒜香白酒蛤蜊義大利麵
	p.052 三杯辣味中卷細扁麵
	p.074 魚露風味番茄豬肉細扁麵
	p.076 打拋醬燒豬肉義大利麵
	p.088 茄汁魚卵鮭魚細麵
	p.096 希臘油封番茄鮪魚鷹嘴豆細扁麵
	p.090 羅勒海鮮細扁麵
	p.100 法式馬茲瑞拉香腸義大利麵
	p.134 法式炙燒鴨胸青醬燉飯
	p.154 義式黃金起司炸飯糰
	p.156 羅勒鮮蚵燉飯
	p.158 番茄野蔬燉飯
香茅	p.078 酸辣海鮮義大利麵
檸檬葉	p.072 檸香奶油嫩雞麻花捲麵
	p.074 魚露風味番茄豬肉細扁麵
	p.078 酸辣海鮮義大利麵
	p.124 泰式檸檬奶油蟹肉燉飯
	p.126 泰式酸辣紅咖哩牛肉燉飯
	p.128 泰式青咖哩海鮮燉飯
紫蘇青葉	p.122 鮭魚紫蘇青醬燉飯
迷迭香	p.096 希臘油封番茄鮪魚鷹嘴豆細扁麵
鼠尾草	p.096 希臘油封番茄鮪魚鷹嘴豆細扁麵
百里香	p.096 希臘油封番茄鮪魚鷹嘴豆細扁麵
	p.104 橙汁甜椒鮭魚燉飯
	p.132 德式肉桂蘋果嫩雞燉飯
麵條	
直麵	p.034 茄汁芝麻醬嫩煎豬排義大利麵
	p.036 茄汁干燒大蝦義大利麵
	p.038 腐乳肉醬義大利麵
	p.046 蒜香白酒蛤蜊義大利麵
	p.054 沙茶蔥燒牛肉義大利麵
	p.060 梅醬紫蘇蝦仁蘆筍義大利冷麵
	p.066 和風奶油鮮蝦明太子義大利麵
	p.076 打拋醬燒豬肉義大利麵
	p.078 酸辣海鮮義大利麵
	p.092 甜醋白酒櫻花蝦義大利麵
	p.100 法式馬茲瑞拉香腸義大利麵
	p.102 墨西哥酷辣淡菜義大利麵
細扁麵	p.042 番茄京醬肉絲細扁麵
	p.044 蠔油蒜炒土雞細扁麵
	p.052 三杯辣味中卷細扁麵
	p.062 嫩雞和風奶油細扁麵
	p.074 魚露風味番茄豬肉細扁麵
	p.080 蝦醬干貝炒鮮蔬細扁麵
	p.088 茄汁魚卵鮭魚細麵
	p.090 羅勒海鮮細扁麵
	p.094 南洋咖哩南瓜嫩雞細扁麵
	p.096 希臘油封番茄鮪魚鷹嘴豆細扁麵
	p.104 韓式橙香茄汁泡菜豬肉細扁麵
天使麵	p.048 五味鮮魷天使冷麵
	p.070 辣味青木瓜干貝天使冷麵
水管麵	p.050 XO 醬海鮮水管麵
	p.068 札幌醬燒地雞水管麵
筆管麵	p.086 奶油蘑菇煙燻培根筆管麵
鳥巢麵	p.040 辣味宮保嫩雞鳥巢麵
	p.084 卡彭那拉蕈菇嫩雞鳥巢麵
	p.098 法式芥末籽干貝鳥巢麵

麻花捲麵	p.064 博多豚燒麻花捲麵
	p.072 檸香奶油嫩雞麻花捲麵
其他	
起司粉	p.038 腐乳肉醬義大利麵
	p.072 檸香奶油嫩雞麻花捲麵
	p.084 卡彭那拉蕈菇嫩雞鳥巢麵
	p.088 茄汁魚卵鮭魚細麵
	p.090 羅勒海鮮細扁麵
	p.100 法式馬茲瑞拉香腸義大利麵
	p.122 鮭魚紫蘇青醬燉飯
	p.124 泰式檸檬奶油蟹肉燉飯
	p.134 法式炙燒鴨胸青醬燉飯
	p.136 法式起司軟殼蟹燉飯
	p.142 波士頓巧達蛤蠣燉飯
	p.154 義式黃金起司炸飯糰
	p.156 羅勒鮮蚵燉飯
	p.158 番茄野蔬燉飯
	p.160 奶油煙燻培根燉飯
	p.164 義式百菇燉飯
	p.166 培根蒜苗燉飯
	p.168 西班牙番茄臘腸燉飯
馬茲瑞拉起司	p.100 法式馬茲瑞拉香腸義大利麵
	p.154 黃金起司炸飯糰
龔左羅拉起司	p.118 和風蛋包總匯起司燉飯
帕馬森起司	p.118 和風蛋包總匯起司燉飯
杏仁片	p.090 羅勒海鮮細扁麵
	p.116 奶油海苔酪梨燉飯
	p.122 鮭魚紫蘇青醬燉飯
	p.134 法式炙燒鴨胸青醬燉飯
	p.156 羅勒鮮蚵燉飯
鮮奶	p.142 波士頓巧達蛤蠣燉飯
鮮奶油	p.058 昆布奶油溫泉蛋鮮蝦水管麵
	p.062 嫩雞和風奶油細扁麵
	p.066 和風奶油鮮蝦明太子義大利麵
	p.072 檸香奶油嫩雞麻花捲麵
	p.084 卡彭那拉蕈菇嫩雞鳥巢麵
	p.086 奶油蘑菇煙燻培根筆管麵
	p.090 羅勒海鮮細扁麵
	p.092 甜醋白酒櫻花蝦義大利麵
	p.094 南洋咖哩南瓜嫩雞細扁麵
	p.098 法式芥末籽干貝鳥巢麵
	p.116 奶油海苔酪梨燉飯
	p.122 鮭魚紫蘇青醬燉飯
	p.124 泰式檸檬奶油蟹肉燉飯
	p.132 德式肉桂蘋果嫩雞燉飯
	p.134 法式炙燒鴨胸青醬燉飯
	p.136 法式起司軟殼蟹燉飯
	p.142 波士頓巧達蛤蠣燉飯
	p.156 羅勒鮮蚵燉飯
	p.160 奶油煙燻培根燉飯
	p.168 西班牙番茄臘腸燉飯
	p.170 橙汁甜椒鮭魚燉飯

無鹽奶油	p.038 腐乳肉醬義大利麵
	p.094 南洋咖哩南瓜嫩雞細扁麵
	p.118 和風蛋包總匯起司燉飯
	p.124 泰式檸檬奶油蟹肉燉飯
	p.132 德式肉桂蘋果嫩雞燉飯
	p.138 法式牛肝蕈雞肉燉飯
	p.136 法式起司軟殼蟹燉飯
	p.146 約旦酸奶薑黃羊肉燉飯
	p.148 番茄肉醬燉飯
	p.164 義式百菇燉飯
	p.166 培根蒜苗燉飯
	p.168 西班牙番茄臘腸燉飯
奶水	p.128 泰式青咖哩海鮮燉飯
原味優格	p.146 約旦酸奶薑黃羊肉燉飯
衛生冰塊	p.048 五味鮮魷天使冷麵
濃縮葡萄醋膏	p.092 甜醋白酒櫻花蝦義大利麵
雞蛋	p.058 昆布奶油溫泉蛋鮮蝦水管麵
	p.118 和風蛋包總匯起司燉飯
	p.146 約旦酸奶薑黃羊肉燉飯
	p.154 義式黃金起司炸飯糰
蛋黃	p.084 卡彭那拉蕈菇嫩雞鳥巢麵
	p.086 奶油蘑菇煙燻培根筆管麵
	p.136 法式起司軟殼蟹燉飯
	p.160 奶油煙燻培根燉飯
蛋白	p.040 辣味宮保嫩雞鳥巢麵
白芝麻	p.064 博多豚燒麻花捲麵
海苔絲	p.066 和風奶油鮮蝦明太子義大利麵
柴魚片	p.068 札幌醬燒地雞水管麵
	p.120 照燒野蔬嫩雞燉飯
青木瓜絲	p.070 辣味青木瓜干貝天使冷麵
花生	p.070 辣味青木瓜干貝天使冷麵
甜酒豆腐乳	p.038 腐乳肉醬義大利麵
黑橄欖	p.100 法式馬茲瑞拉香腸義大利麵
	p.102 墨西哥酷辣淡菜義大利麵
	p.140 墨西哥辣牛肉燉飯
韓式泡菜	p.104 韓式橙香茄汁泡菜豬肉細扁麵
咖哩粉	p.094 南洋咖哩南瓜嫩雞細扁麵
紅咖哩	p.126 泰式酸辣紅咖哩牛肉燉飯
青咖哩	p.128 泰式青咖哩海鮮燉飯
粗椰粉	p.094 南洋咖哩南瓜嫩雞細扁麵
椰漿	p.126 泰式酸辣紅咖哩牛肉燉飯
	p.128 泰式青咖哩海鮮燉飯
蜂蜜	p.098 法式芥末籽干貝鳥巢麵
鮪魚罐頭	p.096 希臘油封番茄鮪魚鷹嘴豆細扁麵
鷹嘴豆罐頭	p.096 希臘油封番茄鮪魚鷹嘴豆細扁麵
松子	p.096 希臘油封番茄鮪魚鷹嘴豆細扁麵
烤核果	p.146 約旦酸奶薑黃羊肉燉飯
酸豆	p.168 西班牙番茄臘腸燉飯
低筋麵粉	p.136 法式起司軟殼蟹燉飯
	p.154 義式黃金起司炸飯糰
麵包粉	p.136 法式起司軟殼蟹燉飯
	p.154 義式黃金起司炸飯糰
蘋果西打	p.132 德式肉桂蘋果嫩雞燉飯

義大利銷售第一　百味來義大利麵
Barilla
SPAGHETTI n.5
COTTURA 8 MINUTI
DOVE C'È BARILLA C'È CASA
PASTA DI SEMOLA DI GRANO DURO
Ingredienti: semola di grano duro, acqua.
Per Barilla G. e R. Fratelli - Società per Azioni - Via Mantova 166, Parma -
Prodotto nello stabilimento indicato con la lettera fra parentesi vicino alla data sul retro
Parma (I) - Via Mantova, 166 / Marcianise (Caserta - I) - Via S.S. 87 km
Foggia (I) - Via S.S. 16 km 684+300 / Mondovì (Cuneo - I) - Via Cuneo
Tebe (GR) - S.N. Atene - Lamia Km75
Potrebbe contenere tracce di uova solo se prodotta nello stabilimento contrassegnato
DA CONSUMARSI PREFERIBILMENTE ENTRO (VEDI RETRO)
Barilla
Barilla